中部大学
ブックシリーズ
アクタ

洞学

洞の自然と人との関わり

村上哲生・南 基泰

風媒社

口絵 1. 湿地と溜池（第1章、第2章）
 a 大森奥山湿地（岐阜県可児市）
 b 湿地の土質（同上）
 c 湿地の開発（同上）
 　湿地跡、様々な開発により、小型の湿地は消滅しつつある。
 d 溜池（愛知県犬山市）
 e 池の水の色見本 フォーレル（上）とウーレの水色計（下）
 　林間にある汚染されていない溜池の水は、茶褐色でウーレ水色計の右側の色に近い、一方、汚染された溜池では、プランクトンの発生により黄緑色に濁り、フォーレル水色計の右側の色になることが多い。

口絵 2-1 トウカイコモウセンゴケ（中央）は、モウセンゴケ（左）を花粉親、コモウセンゴケ（右）を種子親として誕生した雑種と考えられている。（写真は市橋泰範氏より分与を受けた）

口絵 2-2 ハッチョウトンボ
体長2cm以下で、世界で最も小型のトンボと言われている。オス（左）は鮮やかな赤色、メス（右）は茶褐色で腹部に黄色、黒色の横縞がある。

口絵 2-3 阿蘇くじゅう国立公園での野焼き
火入れ、採草および放牧などの草地管理が、ハルリンドウの遺伝的多様性を減少させた。
（写真は矢原正治氏より分与を受けた）

目次

はじめに　―洞を歩く―

　濃尾地方、つまり愛知県西部（尾張）と岐阜県南部（美濃）の境辺りの地図を見ると、「洞」の付く地名が多いことに気が付く。洞とは、両側から谷が迫り平地が奥に籠った地形を指す。この地形は、濃尾地方に特有なものではなく、関東で「谷津」や「谷戸」呼ばれ、また中国・九州では「迫」、「佐古」と称されるものと同じである。実際には、これらの呼称が地域により明確に異なっているわけではなく、例えば、岐阜県可児市には、「長洞」、「矢戸」、「谷迫間」の地名が隣接して共存している場所もある（図0-1）。

　典型的な洞地形の一つ（愛知県犬山市・田口洞）を歩いてみよう（図0-2, 図0-3a）。谷頭、つまり谷の最も上部から下りるのがよいだろう。渓谷のような深く険しい谷ではなく、浅い谷であるので、簡単に下りることができる。谷頭からは水が滲み出ていて、小規模な湿地になっていることが多い。洞地形の土地が「湫」と名付けられることがある。湫とは、湿り気の多い場所を指す。旧中山道の

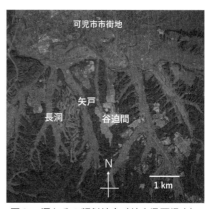

図0-1 洞とその類似地名（岐阜県可児市）
可児市市街地の南に位置する山林（図中では黒く見える）に入り込んだ谷（図中では薄い灰色に見える）を、洞、矢戸（谷戸）、迫間などの地名で呼んでいる。（国土地理院地図・空中写真サイト (http://mapps.gsi.go.jp) CB7529Y（1975年11月10日撮影）を基に作図した。）

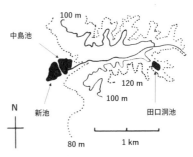

図0-2 田口洞（愛知県犬山市）の地形
国土地理院1/25,000地形図・犬山から作図した。100 mの等高線より低い谷底が田んぼとして利用されている。水は各谷筋の頭から湧き出し、合流して田口洞川となり、大型の溜池・新池、中島池へ流れ込む。谷ごとに小さな溜池（田口洞池）（図中の矢印）が造られることもある。

図0-3 田口洞（愛知県犬山市）
a：下部（中島池東）から望む洞の景観、東西に走る低い丘陵地に挟まれた地形を「洞」
と呼ぶ、b：谷筋の一部を塞き止めて造られた溜池・田口洞池、c：北側の丘陵地裾野
の湧水、d：中島池堤に祀られた水神碑。

宿場町だった岐阜県瑞浪市の大洸（おおくて）などがその例だ（図0-4）。

　洞を囲む丘陵地に降った雨は、一旦地面に滲み込み、浅い地中を流れ、水を通さない地層に当たるとそこから地表に湧き出る（図0-3c）。この水を利用して、湧水を集めた農業用の溜池が造られていることもある（図0-3b）。池の管理者は、この地域では杁守（いりもり）と呼ばれ、地元の農業従事

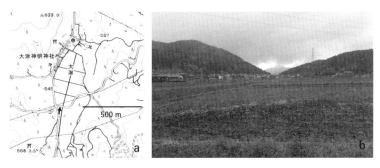

図0-4 大洸（岐阜県瑞浪市）の地形（a）と景観（b）
国土地理院1/25,000地形図・武並に加筆、写真は地形図中の矢印の位置から北に向けて撮影したもの。

者から選ばれる。杁とは水門のことで、農暦や天候によりその開閉を調節する。

　洞では、滲みだした水を利用することによって古くから稲作が営まれてきた。大河の氾濫を制御できない時代は、そのような小規模な水資源がより重要だった。8世紀に編纂が始まったとされている風土記、つまり当時の日本各地の地勢や地域文化をまとめた本の一つ『常陸国風土記』には、夜刀神（やとのかみ、やつのかみ）と呼ばれる蛇神が現れる[1]。名前でわかるように、谷津、迫、洞に棲む怪物で、生息地を侵す農業用水池の塘の工事を妨害するのだが、あえなく退治されてしまう。英雄の力により、自然を縄張りとする怪物が退けられ、人の生活圏が広がる神話は世界中にあり、夜刀神伝承もその一つだ。水神は龍や蛇とされることが多い[2]。私たちの祖先は蛇の姿をした夜刀神を追い払い、水を手に入れ田んぼを作り、今まで維持してきたのだ。

　入り組んだ山襞の小さな谷から湧き出した水は一本の川に集まり、谷底に作られた田んぼを潤す農業用水路として使われる。初夏になるとゲンジボタルが飛ぶ。川が平地に出る辺りで谷は急に広がる。ここが洞の末端になる。川の水は、上流にあった小型の溜池よりももっと大きい池に流れ込んで貯えられる。池の堤防には水神が祀られる。地元では、正月前に素朴な、竹梅を添えた松の枝を縄で縛っただけの門松を作り水神に供える（図0-3d）。この松も、洞を囲む丘陵地に生えているものだ。

　さて、私たちの祖先は、洞を人の縄張りとしたものの、夜刀神を完全に追い払うことはしなかった。灌漑用の溜池や水路、水田は人工のものではあるが、生物の新しい生息場となり、手付かずの自然とはまた異なる二次的にできた景観や生物たちと私たちは馴染んできた。里山と呼ばれる環境がそれだ。自然を利用しながら、在来の生物の生存にとっての重要な環境要素は維持しつつ、次世代に引き継ぐ使い方をしてきた。水神への敬意も忘れられていない。碑を祀るだけではなく、夜刀神の眷属（神様の使者となる動物）ももちろん残り、草叢の中から鎌首を擡げ、私たちを威嚇してきた。

　ところが、1960年代からの高度成長の担い手たちは、古代の英雄たちよりももっと強い力を発揮し、里山の環境を徹底的に変えてきた。池や水路は埋め立てられ、丘陵地は切り開かれ、宅地や工場用地、道路となった。現在も、その力の陰りは見えない。

　では、昔の信仰に立ち返るか？　夜刀神などの自然物への敬意を新たにすることは必要ではあるが、アニミズム（汎霊説，精霊信仰）に回帰し、不合理な畏れや誤った自然観を復活させることにより、洞を守ろうとすることは現代ではむしろ有害である。

　洞を守るためには、生物の貴重な生活の場がどのような仕組みで成り立っているかを科学的に知り、また洞の環境と生物を維持していくことが結局は私たちの利になることを理解しなければならない。自然保護教育は、①親しむ、②知る、③守る、の三段階を経て進めていくと言われている[3]。本書の目的は、もちろん、洞の環境と生物相の保全だが、まず、洞を面白い場所と感じ、現場に出ていくことの重要性を知ってもらうことにある。

　洞を含む里山環境を扱った重要な本はたくさん出版されてきた[4,5]。屋下に屋を架すような企画を立てたのは、未だ、洞の研究の面白さが理解されていないと日頃感じていたからだ。一般的には研究が一段落してから書くものだが、洞の自然を巡る課題は大きく、また多様であることが、本書に手を付けてからやっと気づいた。本書で触れることができなかったり、調査が不十分な部分はたくさんある。洞に興味を持つ人たちが、本書をきっかけとして少しでも増えていけば望外の幸せである。

　本書は、二つの視点から洞の自然を紹介する。前半では、地形や水の動き、水質などから洞の自然の特徴を述べる。洞に形成される湿地、人の力で新たにできあがった水生生物の生息場となる溜池などの環境の特徴については、保全の前提として、是非理解してほしい。また、洞の自然と私たちの生活との関わりについても述べたい。後半は、洞の動植物、モウセンゴケ属（植物）、ハッチョウトンボ（昆虫）、ヒメタイコウチ（昆虫）、ネズミ類（哺乳類）、ハルリンドウ（植物）のDNA情報によって明

らかになった遺伝的多様性、移動障壁、地域性系統について紹介する。
これらの事例は、地域固有の遺伝的特性まで配慮した保全のために不可
欠な知識であることを理解してもらいたい。

引用文献

1) 秋本吉徳（訳注）（2001）: 行方郡（三）. 常陸国風土記, 71-78. 講談社, 東京.
2) 次田真幸（1965）: 古代日本人の自然観—水神の信仰— 国文学解釈と鑑賞, 30 (11): 50-55.
3) 吉田正人（1991）: 翻訳にあたって. Cornell, J B.（著）, 吉田正人・辻淑子・大窪久美子・開発法子・兼松幸男・富田良子・服部道夫・降旗信一・保母禎三・三好直子・森良（訳）, ネイチャーゲーム 2, 172-182. 柏書房, 東京.
4) 広木詔三（編）（2002）: 里山の生態学. 岩波書店, 東京.
5) Takeuchi, K., Brown, R D., Washitani, I., Tsunekawa, A. and Yokohari, M. (eds) (2001): Satoyama; The traditional rural landscape of Japan（里山; 日本の伝統的な農村景観）. Springer, Tokyo.

（村上哲生）

第一章　湿地

　洞には、必ずと言っていいほど湿地が見られる。洞の湿地は、釧路湿原（北海道）や尾瀬ヶ原（福島県・新潟県・群馬県）のように大規模なものではなく、せいぜい数百平方米、ほとんどが百平方米以下の面積のものだ。タンチョウヅルが舞い降りたり、見渡す限りリュウキンカやミズバショウが咲き乱れる雄大な景観を期待すると、当て外れに思うかもしれない。しかし、よく調べてみると実に面白く、かけがえのない自然であることに気づくことだろう。

　少し前までは名古屋市内でも、郊外に出れば湿地があった。図1-1aは、昔の名古屋市守山区の名古屋鉄道瀬戸線沿線・小幡駅付近の様子を描いた絵図だ[1]。今では住宅地になってしまったが、図中の清水洞の湿地は、つい最近まで、その一部が残っており、1980年代頃まではサギソウやミズキボウシも見られた（図1-1b, c）。

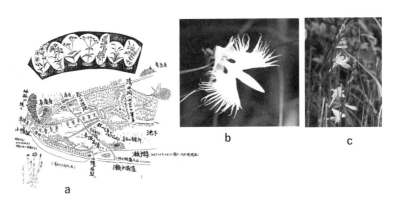

図1-1 名古屋市守山区の清水洞湿地
a：滝本（1990）より転載[1]。高度成長期以前の景観を示す絵図と思われる。b：サギソウ、c：ミズギボウシ、b, cとも1980年代後期に清水洞で撮影したもの。

1. 洞の中の二つの型の湿地

　洞の両側の丘陵地の斜面の薮をかき分けていると、急に開けた場所に
出ることがある。行く手を阻んでいた灌木や刺のある蔓草は姿を消し、
高い木も生えていなくて空が見える。地面は、土ではなく粒の粗い砂礫
からできている。開けた斜面の上方からは水が滲み出し、地面を膜状に
覆い、傾斜の緩いところでは小規模な水溜となる。これが、丘陵地に見
られる第一の型の湿地だ（口絵1a, b. 図1-2a）。規模が小さいことから「小
湿原」[2]、または湧水で涵養されるために「湧水湿地」と呼ばれる[3]。さ
らに湿地を潤す水に栄養分が乏しいことから「丘陵性貧栄養湿地」[4]、砂
礫の土質の特徴から「鉱質土壌湿原」と名付ける研究者もいる[5]。どの
用語も、湿原の特性をよく表しているのだが、この章では、水を中心に
話を進めるので、湧水湿地を使うことにする。

　春から夏にかけて、この型の湿地は、モウセンゴケやミミカキグサの
花で、足の踏み場もないほどになる。日本の不均翅亜目（前翅と後翅の大
きさや形が異なるトンボの仲間、ヤンマやシオカラ、アカネ類など）の中で最も
小さいハッチョウトンボも飛び回っている。

　第二の型の湿地は、溜池の上流側に発達する。溜池に流れ込む小さな
川の傾斜は、池に入る直前に最も緩くなり、そこに水が淀み周囲が湿地
となる（図1-2b）。水は赤く濁っている。これは川の水の水源となる湧き

図1-2 田口洞（愛知県犬山市）に見られる二つの型の湿地
a：洞の丘陵斜面に見られる型
　　砂礫から成る湿地斜面を湧水が潤している。
b：溜池への流れ込みに発達する湿地
　　鉄分のために水が赤錆色に染まっていることが多い。

出した地下水の鉄分のためだ。地下は酸素が乏しい環境であるため、水中の鉄分は鉄イオンとして水に溶け込んでおり、この状態では水は着色していない。ところが地表に湧き出て空気中の酸素と反応すると酸化鉄（Fe_2O_3；赤さび）となり、赤い沈殿物になるのだ。鉄を含んだ温泉（鉄泉：有馬温泉や別府温泉）でも、湯口から出る湯は透明だが、湯舟に入ってしばらくすると赤く染まる現象が見られる。第一の型の湧水湿地でも、水の流れに沿って、砂礫が赤く着色している。これも地表に出た鉄分が酸化鉄となり、砂礫に付着するためだ。

　湿地の植物も、第一の型の湿原と異なり、スゲやカヤツリグサの仲間が主となる。この型の湿地も名古屋市内の溜池の流入水路でよく見かけたものだった。1980年頃の千種区の猫ヶ洞池（ねこがほらいけ）では、今ではすっかり市街地となってしまったが、晩夏になるとシラタマホシクサの白い花が一面に広がっていた（図1-3）。

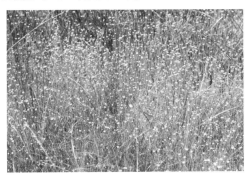

図1-3 猫ヶ洞池（名古屋市千種区）のシラタマホシクサ
1980年代に撮影したもの。

2. 湧水湿地はどんなところにできるか？

　まず、第一の型の湧水湿地について語ろう。第二の型の湿地については、第二章の溜池の一部として述べる。

　尾張北部・東濃（岐阜県南東部）の丘陵地の地質は、砂礫であることが多い。砂礫の丘は、花崗岩地質の丘陵地と比べて、崩落、つまりがけ崩

れが起こりやすい。崩落した斜面は裸地となり、そこが第一の型の湧水湿地となる。崩落が起こりやすい場所は、元々湧き出す水が豊富なところで、その湧水が湿地を潤す水となる。崩落だけではなく、イノシシが植物を掘り荒らしたり、蒐場（イノシシが泥浴びをする場所）として利用することによっても、裸地になる。また、人が森林を伐採した跡も裸地化することもあるかもしれない。

3. 湧水湿地の傾斜

　湧水湿地の斜面の傾斜を測量してみると、5〜20°であるものがほとんどだ。裸地ができても、傾斜が急であれば、湧水は地表に溝を穿って流れる。この溝は「雨裂」と呼ばれる。図1-4は、岐阜県可児市の大森地区にある湧水湿地群（地元では、「大森奥山湿地群」と呼んでいる）の湿地の一つの傾斜図だ。傾斜は1.2 m/10 m、つまり水平距離10 mで1.2 mの高低差となる。斜面角度で示せば6.7°だ。

　傾斜は湿地斜面全体で一様ではない。湿地上部と下部にそれぞれ、急な場所と緩い場所が見られる。上部の急な傾斜は、ミズゴケが盛り上がって生えているためだ。ミズゴケの盛り上がりの下方、図1-4では急な斜面傾斜が緩くなる辺り（図中の太い矢印の位置）から水が滲み出ている。斜面は砂礫で覆われているが、

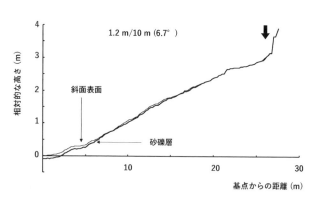

図1-4 湧水湿地の傾斜
大森奥山湿地群では、湿地の傾斜角度は5〜20°の範囲に収まる。それ以下の傾斜では崩落は起こらず、湿地の起源となる裸地化は起こらない。一方、急な斜面では、水は溝を穿って流れるため湿地は形成されない。湿地の表面（図中の細線）と基盤の砂礫層（図中の太線）の間が、腐植と粘土から成る黒泥層になるが、その厚みはわずか数cmしかない。図中の太い矢印は水が滲み出す位置を示す。

一部は「黒泥」と呼ばれる泥と腐植から成る堆積物が砂礫層の上に被さっている。腐植とは、その字面でもわかるように、ミズゴケやスゲなどの植物が分解されたものの総称だ。気温が低く、水分が多い場所では分解が進まず、未分解の植物の遺骸は「泥炭」となる。黒泥層は、湿地下部の傾斜の緩い所でやや厚くなるが、10cmを越えることは稀だ。釧路湿原や尾瀬ヶ原などの湿原は、泥炭層が厚く発達しているが、洞に見られる湧水湿地は、泥炭層がほとんどないことが特徴の一つだ。

4. 湧水湿地での水の流れ

　斜面の上部から滲み出した水が、再び地中に深く浸透したり、ただ地表を流れるだけでは湿地は形成されない。湧水湿地に水が溜るには、斜面に水を通さない地層がなければならない。このような層を難透水層（不透水層）と呼ぶ。難透水層は、緻密な粘土層であることが多いが、湧水湿地では、鬼板層がその役割を果たしている。

　鬼板とは、砂礫が水酸化鉄（$Fe(OH)_2$）によって固められた岩石だ（図1-5）。豆を砂糖や飴で板状に固めた菓子、豆板と似ている。礫間の細かい粒子は、よく磨り潰して焼き物の釉薬にも使われるそうだ。砂礫の斜面に、鉄杭を差し込むと、10cmほどの深さで杭が刺さらない固い層に当たる。これが鬼板層だ。滲み出した水は、地表と鬼板層の間の砂礫層をゆっくりと流下する。

図1-5 鬼板
湿地の地表近くには、鬼板（a）と 呼ばれる難透水層が埋まっており、水が地面に浸み込まない。砂礫地帯を流れる渓流も鬼板層（b）を川底としている 。

　もちろん、鬼板層が全く水を通さないわけではなく、また亀裂もあるため、流下とともに水は次第に減少し、蒸発散の効果も加わり、やがて湿り気はなくなる。ここが湿地の下方端になる。

　湿地の中での水の流れる速度を測る最も簡単な方法は、塩水を湿地の上方から流し、湿地の下に達するまでの時間を測定するやり方だ。塩水を流すのは、検出が容易だからだ。水自体は電気を通しにくい、しかし、塩分が溶け込んだ水は電気を非常によく通す。つまり、真水は電気抵抗が大きく、塩水は塩分の濃度に応じて電気抵抗が小さくなる。そこで、水の電気抵抗を測定し、その逆数を塩分濃度の目安とするわけだ。この値を電気伝導度と呼ぶ。この方法の欠点は、目印とした塩が水と同じ挙動をするかどうか保証されないことだ。また、わずか50 g程度の塩を使うだけだが、湿地の動植物に及ぼす影響は皆無であると言い切れないことも問題の一つだ。土地の持主や、管理している地元の了解を取って実施することが必要だ。

　図1-6は、緩い傾斜の湿地と、その脇に形成された雨裂での塩水の移

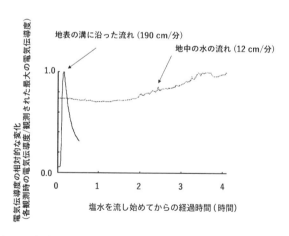

図1-6 湿地斜面での塩水の移動速度の観測例（大森奥山湿地）
浅い地中を流れる水と、溝を通って流れる水に塩水を加え、一定距離を流れる時間を測定した結果を示す。同じ傾斜の斜面であるが、距離が異なるので、流速に換算すれば、それぞれ12 cm/分と190 cm/分となる。地表の水の流れる速度に比べ、地中の水の動きが遅いことがわかる。

動速度を測定した結果だ。雨裂で塩水を流すと、10分も経てば下流で極大が見られる。一方、湿地の地中を流れる水では、2時間経った頃からやっと電気伝導度が上がり始め、極大に達するまでに3時間半も要する。両者の傾斜はほぼ同じだが、流れる距離が異なるため、流速に換算して比較すると、前者は190cm/分、後者では12cm/分となる。湿地の表面と鬼板層の間を流れる水は、長い時間をかけて斜面を流れ、そこが湿地となるのだ。

　第二次大戦後、食料の増産のために、たくさんの湿地が農地に変えられた。そのような場所では、湿地に溝を掘り、水の流れを速くして、湿地を乾燥させ農業に適した土地に変える工事が行われた。水が斜面に留まる時間の長短は、湿地の存続に関わる最も重要な要素の一つだ。

5. 湿地の大きさと形

　湿地の面積は、滲み出す水の量によって決まる。大きい湿地ほど、滲み出す水の量が多い。滲み出る水の量を測定するのは結構難しい。手軽な方法は、高分子吸収剤が使われている紙オムツを一定時間湿地の地面に押し付け、吸水した水の量を重量として測定するやり方だ。何度か繰り返して測定すると、安定した値を得ることができる。まだ測定例は少ないが、渇水時期には$1\ell/\text{㎡}\cdot$分以下になり、まとまった降水後には$4\ell/\text{㎡}\cdot$分に達することもある。水が滲み出す場所は、湿地上部の縁に沿って帯状に分布しており、単位面積当たりの滲出水量に、この帯状地帯の面積を掛け合わせることにより、湿地全体への給水量を知ることができる。

　供給される水の量は、水が滲み出す部分の植生を見てもおおよそ推測することができる。ミズゴケが上部に見られる湿地では、滲出水量も多く、したがって湿地面積もまた広くなる傾向が見られる。ミズゴケ属は、様々な種類を含むが、一般に水分が多い所を好むため、滲み出る水が多いことの目安となる。

　滲み出した水は、湿地を流れるうちに、地中の深い場所への浸透と、

大気への蒸発散のためにその量は減少する。地表の流れが見られず滲出水だけで涵養される湿地では、湿地の下部末端を要とし、上部が開いた扇型になることが多い（図1-7）。

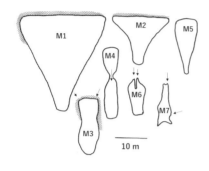

図1-7 大森奥山湿地群の各湿地の形
滲み出す水のみで涵養される湿地（M1, M2, M5）では、水量は流下とともに減少するため、湿地下部ほど面積が縮小し湿地全体は扇型になる。一方、流れ込み（図中の矢印）がある湿地（M3, M6, M7）では、その部分が広がり不定形の湿地となる。M4湿地は、上部の扇型湿地とそこからの流れにより形成された不定形の湿地が融合したもの。湿地上部の網を懸けた部分はミズゴケ帯。ミズゴケが生えている場所は滲み出す水の量も多く、湿地面積も大きくなる傾向がある。

6. 湿地の生物

　湧水湿地の生物で最も人目を引くのは、美しい花を咲かせる植物だろう。サギソウ（図1-1b）やトンボソウなどのラン科の植物、モウセンゴケやイシモチソウなどの食虫植物、小さいけれど湿地を一面に覆うためよく目立つミミカキグサ類は、東海地方の湿地でよく見かける種類だ。ハッチョウトンボやヒメタイコウチ（半翅目）などの昆虫も、湿地特有の生物だ。しかし、肉眼では見えない微小な生物も、湿地の特徴を知るためには無視できない。

　湿地の中の小さな水溜りには糸状の藻類が生えていることが多い。藻類も植物であるため、晴天の日の午後になると光合成により生産された酸素の気泡が見られることもある（図1-8a）。大森奥山湿地群では、この糸状の藻類は黄緑色藻類の仲間のトリボネマ属の一種だ（図1-8b）。身近な川で見られる糸状の藻類は、藍藻類や緑藻類の仲間であることがほとんどで、黄緑色藻類が繁茂していることはまずない。黄緑色藻類が頻繁に記録されるのは、高山や寒冷地の小池や湿地だ（図1-8c）。藻類などの小型の生物の種類は、生息している場の水質により決まると考えられて

いる。つまりトリボネマ属の糸状藻類が生息している湿地の水環境は、高山や寒冷地と共通する要因を持っていることになる。おそらく低いpHや窒素、燐（りん）の乏しい水であることが共通している要因だと思うが、海抜高度や気象が全く異なる低地でこの種類を見ると不思議な気がする。同じく、高山の池沼に多いツヅミモ類（鼓藻類）も、洞の湿地に見られる水溜りに多種類生育している（図1-8d, e）。

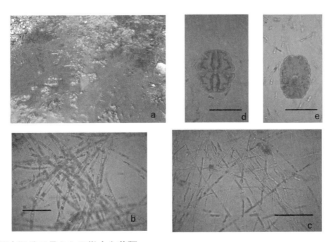

図1-8 湧水湿地に見られる微小な藻類
a：湿地の糸状藻類群集、好天の日中には光合成により生じた酸素の泡が見られる、b：湿地の糸状藻類（トリボネマ属の一種；黄緑色藻類）、c：高山の池溏・湿地で採集された糸状藻類、形態からは低地の湧水湿地に出現する種類と同種のようだ、d, e：湧水湿地に見られるツヅミモ類。
a, b, d, eは、低地の大森奥山湿地群で観察したもの、cは北アルプス太郎山（標高2,300m）で採集したもの。スケール・バーは、いずれの写真も1/10 mm。

　一方、湧水湿地の水生昆虫は平地の池や湿った土地に生息する種類ばかりで、高山や寒冷地と共通する種類はいない。大森奥山湿地群では、ヒメタイコウチとキベリヒラタガムシ（鞘翅目（しょうしもく））が最も普通に見られる。どちらも平地の昆虫だ。昆虫にとっては、水質の共通性よりも、気温や日射などの気象の違いがより重要だということになる。
　同一の湿地群の中でも、個々の湿地の履歴はそれぞれ異なる。比較的

新しくできた湿地では、湿地群の優占種であったこれらの二種は全くいない。湿地で最も普通のハッチョウトンボも成虫は場所を問わず飛び回っているものの、新しい湿地ではその幼虫は見つからない。新しい湿地と古いそれと比較しても、せいぜい黒泥層の発達具合しか違いは見られない。昆虫といえども生息場所の好みにはうるさいようだ。

　逆に、ラン科の植物は、新しくできあがった湿地に多い。湿地には、時とともに樹木が侵入し、次第に日当たりが悪くなる。日照条件が悪化した古い湿地は、日なたを好むラン科植物が棲みやすい場所ではないのだ。

7. 湿地をどう管理するか？

　小規模な湧水湿地は開発などにより消失するが、手付かずにしておいてもやがてはなくなってしまう。面積の狭い湧水湿地の環境は、樹木の侵入により変化する。樹木は蒸散作用により水を消費し、湿地は次第に乾く。さらに高く茂った樹木の陰が湿地を覆うことにより、明るい環境を好む植物が生育しにくい環境を創り出す。小さな湧水湿地の寿命はせいぜい数十年程度だと考える研究者もいる[6]。こんな不安定な生息場では、湿地特有の動植物は生育環境が悪化すれば、近くの湿地に移動することにより長期間その地域で生存してきたのだ。「近く」がどの程度の距離を指すかについては、生物の種類により決まるのだろうが、よくわかっていない。

　身近な自然環境の存続と改変をめぐる議論でおなじみの「似たような環境が近くにあるから、一つぐらいなくなっても」という論理の正当性と誤りの根拠はともにここにある。確かに、湿地群中の一つ二つの湿地を潰しても、おそらく破局的な事態にはならないだろう。しかし、いくつ潰せば回復不能になるかを明らかにした上でなければ、こんな議論は成り立たない。そのような調査がやられていないならば、当面、予防的に既存の湿地をできるだけ避けた開発計画にし、新しい湿地ができる可能性がある地形を残しておく措置が必要となる。湧水湿地は、寿命が短

く消滅しやすいものだが、また、裸地化により、新生することもまれではないことを思い起こしてほしい。

　無制限な開発の歯止めとなる環境影響評価（環境アセスメント）制度は、湿地の開発事業では適用されないことが多い。面積が小さいため、環境影響評価の対象外となるためだ。

　前節で述べた生物の湿地環境の好みの問題も厄介なことだ。「湿地を守る」といった抽象的な議論は合意を得やすいが、特定の複数の種の存続の話になると、環境に対する互いの要求の調整が難しいことになる。

　洞の現在の自然環境をどうやって残していくかについては、第二章や三章でも繰り返し課題として取り扱う。

引用文献

1) 滝本久太郎（1990）：小幡ヶ原. 小幡小学校四十年記念誌作成委員会（編）小幡, 159. 名古屋市立小幡小学校, 名古屋.
2) 浜島繁隆（1976）：愛知県・尾張地方の小湿地植生（Ⅰ）. 植物と自然, 10（5）：22-26.
3) 広木詔三（2002）：湧水湿地の遷移. 広木詔三（編）里山の生態学. 89-96. 岩波書店, 東京.
4) 広木詔三・清田心平（2000）：愛知県春日井市の東部丘陵の砂礫層地帯における湿性植生とその成因. 情報文化研究,（11）：31-49.
5) 富田啓介（2010）：日本に見られる鉱質土壌湿原の分布・形成・分類. 湿地研究, 1: 67-86.
6) 愛知県環境部自然環境課（編）（2007）：湿地・湿原生態系保全の考え方―適切な保全活動の推進を目指して―. 愛知県, 名古屋.

（村上哲生）

第二章　溜池

　洞の谷の奥から滲み出す水を集めて貯水することにより、稲作のため
に安定した水資源を得ることができる。これが溜池だ。夜刀神の話でも
わかるように、その起源は稲作の初期の段階にまで遡ることができる。
　洞にみられる溜池の水は茶色に染まり、あまり美しそうには見えな
い。池沼の有機物汚染の指標となる化学的酸素要求量（COD）を測定し
ても高い値となる。時には、動植物プランクトンの発生により、水の色
が変わることもある。農業用水として利用されているため、水位の変
動も大きいし、冬には「池干し」のため、水が抜かれることもある。で
は、溜池は水生生物の生息場として魅力的な場所ではないのだろうか？
ところが、既に身近な平地で見られなくなった生物が結構生き残ってい
るのだ。
　ここでは溜池の水や生物について紹介しよう。また、私たちの生活と
の関わりを考えてみよう。

1. 溜池構築の歴史

　弘法大師（空海）が造ったとされる満濃池などの溜池が古くから数多く
分布している讃岐平野（香川県）では、溜池研究も進んでおり、立地と構
造により、溜池の型をいくつかに分類している[1]。最も古い時代の溜池
は、谷の最も奥に造られた「谷頭小溜池」と呼ばれる谷頭からの湧水を
塘を築いて貯めた小規模なものだ。大規模な土木工事を進める技術や人
の動員力が不十分な時代には、谷全体を塞き止めることは難しく、この
形式が一般的なものだったのだろう。田口洞（図0-3b）では、谷の上流部
の田口洞池がこれに当たる。おそらく田口洞の地元にも谷頭小溜池を表
現する用語があったものと思われるが、今に伝わっていない。
　17世紀末に書かれた『百姓伝記』、これは三河地方（愛知県）の農民に

よって書かれたものだが、その一部の「防水集」には、洞地形での溜池の造り方を「山間片さかりの谷を雨池に用ひは、堤を段々何筋もつき、処々にて水をもたすへし」、つまり山の間の傾斜地の谷（山間片さかりの谷）に、溜池（雨池）を造る場合は、堤を何箇所も築き、いくつもの池で水を貯めることが肝要であると書かれている[2]。複数の小型の溜池により、より多くの水を貯める工夫をしたものと思われる。これも大規模な塘を造れなかったためだろう。

　川端康成の『掌の小説』の一つに「骨拾い」という一篇があり、「谷には池が二つあった」で始まる[3]。この小説は、人里に近くの墓地を舞台としたものだが、灌漑のための溜池が谷ごとに複数造られていた様子を窺うことができる。今も、洞の地形図を見ると、小さな溜池が、二つ、三つ並んでいる様子が見られる（図2-1）。

図2-1　濃尾地方に見られる「谷頭小溜池」の一例
a：御嵩町（岐阜県）洞地区の溜池の分布。八王子山東西の谷筋に沿って、それぞれ三つの溜池が並んでいる（図中の円内）。国土地理院1/2.5万地形図・美濃加茂に加筆して転載。
b：地図の左上の溜池群の上から2番目の溜池の塘から谷の下方を撮影したもの。

　次いで、時代の推移とともに、「谷側溜池」が現れる。これは、谷の本流の水を塞き止めて導水し、谷側に造られた溜池を指す。さらに近世になると谷の出口を塞ぐ大型の溜池も造られるようになる。讃岐平野では、これを「堰き止め溜池」と呼んでいる[1]。田口洞では、谷の出口の

中島池や新池がこの類型に属する（口絵1d）。江戸時代末期になると、「双金土（がねど）」と呼ばれる水を通さない粘土を、堤体の芯にした工法が採られ、より頑丈で大型の溜池ができるようになった。現代の溜池は、起源の古いものであっても、双金土で補強し、さらにコンクリートで以前からの塘を覆い、芝を張って水の浸透を防ぐ構造のものになっている（図2-2）。

　池に溜まった水は、深さごとにいくつかの穴が開けられた樋（とい）を通して、溜池の下の田に供給される。池の水位の変化に応じて、穴の栓を抜くやり方だ。穴が並んだ様子が和楽器の尺八に似ているために、「尺八樋（しゃくはちどい）」と呼ばれることもある。

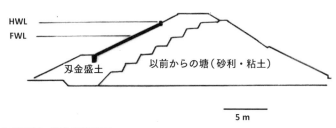

図2-2 田口洞・新池の堤体図
1980年代の老朽溜池の整備事業の際描かれたもの。砂利、粘土でできた旧来の塘に双金土を重ね、さらに常時水に浸かる部分はコンクリート（黒帯の部分）を、その上部の堤頂付近までは芝を貼り付けて補強してある。HWL、FWLはそれぞれ、洪水位と常時満水位。通常はFWLの高さまでしか水を貯めない。

2. 溜池のもう一つの効果 ―温水溜池―

　溜池は農業用の水を貯める施設だが、ただ貯めるだけではなく、貯水により水温を上げる機能も期待されていたようだ。稲の成長のための適水温は30〜40℃であるとされているが、洞から滲み出す水は、初夏の田植の時期や、それに続く夏の成長の時期には、適水温よりはるかに低い。

　北陸地方などでは、田んぼに水を入れる前に、「ぬるめ」や「ひよせ」と呼ばれる小さな池を通す（図2-3a）。池に入った水は迂回して流れ、その間に水温が上がる仕組みとなっている（図2-3c）。しかし、小さな池では、水温の上昇効果も小さく、水を入れる一枚目の田んぼの収穫を多少

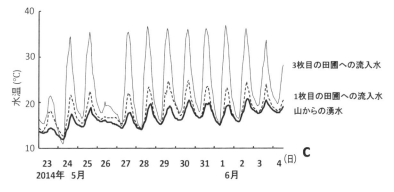

図2-3 福井県敦賀市樫曲地区での水温測定の例
a：「ぬるめ」、「ひよせ」と呼ばれる小池、池は水を迂回させて流れる構造になっている。
b：「ぬるめ」を通った水は、田んぼを流れるうちに水温が上昇する。図中の数字は、水が流れる順番を示す。c：水温の測定結果、「ぬるめ」を通ることにより、水温が若干上昇し、田んぼを通過するごとにさらに水温が上がる。

犠牲として、それに続く田んぼの水温を上げる方がもっと効果的だ（図2-3b）。

　寒冷地では、低水温の問題はさらに深刻になる。図2-4は長野県大町市の「上原温水路」と呼ばれる施設だ。谷川の水を浅く、曲がりくねった水路に導き、流れる間に太陽熱で温める仕組みになっている。この地方では、「一度一俵」という言葉がある。田んぼの水温が1℃上がれば、一反（300坪，約10アール）当りの収穫量が一俵（60kg）増えるという意味だ。水温が米作りにいかに重要な影響を及ぼしているかがよくわかる。

図2-4 上原温水路（長野県大町市）
a：温水路の上流部、写真の左側の谷川（篭川）の水は、浅く曲がった水路に導かれる。
b：温水路の下流の石碑。

3. 溜池の水質

　澄んだ青い水を湛えた溜池は、まず
見られない。都市部の溜池は、そのほ
とんどが植物プランクトンの繁茂によ
り、緑色や茶色に濁っている。家庭排
水などの流入により、窒素や燐などの
植物プランクトンを増殖させる栄養分
が豊富なためだ。一方、林の中の、近
くに汚染源が無い溜池でも、茶色に
染まった水であることが普通だ（口絵
1e）。プランクトンによる着色と違っ
て、濾過しても色は消えない。この茶
色は、「腐植酸」と呼ばれる物質に由
来する。腐植酸とは、植物が分解して
できた溶存の有機物だ。有機物である
ため、池のCODを測定すると高い値
となるが、生活排水中の有機物とは異

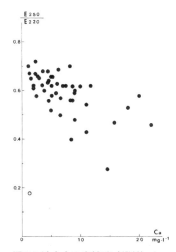

**図2-5 池水中の腐植酸（縦軸）と
カルシウム（横軸）濃度との関係**
腐植酸の濃度は、特定の波長の紫外線
の吸収の比（250 nm/220 nm）を指標
としている。村上他[4]の名古屋市内の溜
池47池についての測定結果より作図。
例外的な値となる池は、腐植酸ではな
く、地質の影響でpHが低い特殊な例で
あるため、別に○印で示した。

なり、微生物により分解され難い物質であるため、短期間の酸素の消費は少ない。水中に腐植酸が多量に溶け込んでいると、水のpHは酸性側に傾く。また、腐植酸は陽イオンと結合するために、水中のカルシウムやマグネシウム・イオン濃度が低くなる（図2-5）。水の硬度は、これらの二つのイオンで決まるために、硬度の低い軟水となる。

　池沼の水質は、窒素、燐などの栄養分と、腐植酸の濃度により、四つの型に分類できる。高山の湖では栄養分も腐植酸も少なく、澄んだ青い色に見える。栄養分が少ないため、プランクトンの発生量が少なく、したがって、それを餌とする魚も少ない。同じ高山の池でも、尾瀬ヶ原などの高層湿原では、栄養分は少ないが湿原由来の腐植酸が多く、茶色の水を湛えた「池溏」が見られる。池溏とは、特に湿原に見られる小池を指す言葉だ。野地眼と呼ぶこともある。一方、低地では、人の活動により栄養分が豊富に供給されるために、通常は植物プランクトンが多量に発生するが、腐植酸が多いと、重要な栄養分の一つである燐は腐植酸と

腐食酸多

栄養分は少ないが腐食酸は多い（池塘）

栄養分も腐食酸も多い（低地の池）

栄養分多

栄養分も腐食酸も少ない（高山の湖）

栄養分は多いが腐食酸は少ない（低地の湖）

図2-6 小規模な止水域の四類型
栄養分（横軸）と腐植酸の濃度（縦軸）により、止水域は四つの類型に分類することができる。この考え方は、Hansenにより、1962年に提唱された[5]。

結合しプランクトンに利用されない形となり、また着色により光合成に必要な光が深い所まで届かなくなるために、意外に植物プランクトンの発生量が少なくなることもある（図2-6）。

　生活排水の流入がなく、周りが林に囲まれている洞の溜池は、栄養分も腐植酸も多い型のものが多い。腐植酸がpHを下げるため、洞の溜池には、酸性の水域を好む特異な植物が残っていることがある。ジュンサイやコウホネの仲間がその例だ（図2-7）。

　微小な生物も、通常の汚染した水域の種類組成と異なっている。図2-8は、腐植酸に富む溜池のヨシなどの水草に付着している珪藻類（細胞の外側に珪酸質（ガラス質）の殻をまとった藻類）の顕微鏡写真だ。これらの

図2-7 腐植酸が多い溜池に見られる水草
　ａ：ジュンサイ、名古屋市名東区・塚ノ杁池、ｂ：ジュンサイの葉と茎、寒天質に包まれた若芽を食用にする。ｃ：サイコクヒメコウホネ、岐阜県可児市・弁天池、ｄ：オグラコウホネが繁茂している溜池（岐阜県岐阜市・於母ヶ池）、塚ノ杁池、弁天池、於母ヶ池ともpHは6以下の酸性の水質だ。

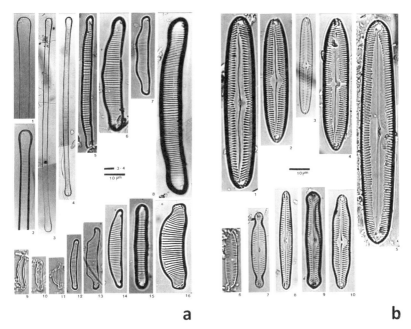

図2-8 腐植酸に富む溜池の珪藻類（a：*Eunotia*属、b：*Pinnularia*属）
名古屋市内の腐植酸に富む溜池で採集した種類、高層湿原でもこれらの2属の珪藻類の種類が多い。酸処理により、珪酸質の殻だけにして顕微鏡で観察すると、精緻な模様が見やすい。

藻類は、やはり腐植酸によってpHが低い高層湿原の珪藻類と共通する種類が多い。

　茶色に染まった洞の溜池の水は、人によっては汚らしいと感じるかもしれない。しかし、腐植酸のために低pHとなった水質の特徴により、平地ではまれな生物が生息していることを知ってほしい。汚水が流入しても、逆に栄養分の少ない透明な水を満たしても、これらの生物は生きていくことはできない。また、池の周りの林を伐採しても、腐植酸を出す落葉の供給が絶たれ、独特な水質は維持できなくなる。

4 溜池と農村の生活

　三つの溜池がある田口洞を抱える地域では、5月になると、区長名で田植えやその準備の日が告示される。この地域の区長とは、かつての名主のような農村部の自治組織の長で、区内の葬祭や防災、利水などを差配する。地域では溜池の水を共有して使っているため、水を必要とする田植は一斉に行う必要があるのだ。

　溜池の水門（杁）を開く数日前に少し水を入れて田を均す「湯練り」と呼ばれる作業が始まる。それから溜池ごとに管理を担当する杁守が水門を開けて田植となる。

　田植後も区の農業用水の管理業務は続く。台風が来れば、翌日、杁や塘、水路が損傷を受けていないか見回る。渇水が続けば、水の分配に関わる仲裁もやらなければならない。この地域は、愛知用水の水が利用できるようになってからも、水争いは続いた。杁の不正使用の噂も絶えない。争いは個人間だけではなく、地域間でも起こる。区管理の水を別の地域が無断で利用したことについての詫証文を見たことがある。

　夏になると、田の害虫を地域から追い出す「虫送り」と呼ばれる伝統行事がある。区内の神社に氏子が集まり、武者と姫、従者の三体の藁人形を作り、御幣とともに区の境まで送る。かつては、区境の川に流したのだろうが、今では川端に飾り残しておく（図2-9）。正月前には、区内の公民館や神社とともに溜池の塘の水神にも門松を祀る。

　このような地域と溜池の交流は、年々難しくなっている。都市に勤務する家庭が増え、農村地帯の区とはいえ、区を構成する世帯数の内、農家は半数以下となっている。都市への通勤者が多い団地にも田植や農休み、水路や道の清掃や補修（普請）の告示が貼りだされるが、おそらく、住民の興味を引くことはないだろう。

図2-9 虫送り
a：夏になると氏子が神社に集まり、藁人形を作る。
b：藁人形は御幣とともに、区境の川まで送られる。

5. 溜池と新しい住民との付き合い

　溜池などの里山環境の保全は、結局は地域の伝統的な農業を維持していくことと片付けることは簡単だが、実践は難しい。地域世帯数に占める農家の割合は、これからさらに小さくなるだろう。都市に通勤する新しい住民にも、溜池を中心とする洞が、自分たちの生活とは無関係ではないことを理解してもらわなければならない。

　田口洞では、毎年6月に、洞の水路で発生するゲンジボタルの観察会が開かれる。また、洞の末端の中島池にビオトープが整備される計画もある。このような活動は、溜池の維持が農業利水者の利益となるだけではなく、都市へ通勤する新しい住民が自然とふれあう場として活用されることを期待して行われている。洞を身近な自然として楽しむことで、農業従事者以外も、溜池の維持について何らかの役割を果たし、費用面の協力を得られると考えられる。

　溜池が引き起こす災害も住民全体の安全に関わってくる。溜池決壊と

いう万一の際は利水者が不便をきたすだけではなく、その下に位置する住宅にも直接被害を及ぼすし、また安全な場所への避難経路を絶つ恐れもある。一方、洞の湧水や周辺の林に涵養された井戸が、緊急時の代替の水として利用できるかもしれない。災害時の緊急用水は、各家庭や自治体で十分な量を備蓄することは難しい。一時的に井戸や湧水を利用することで、急場をしのぐことができる。

　洞の自然を地域の共有財産として認める動きも近年活発になりつつある。湿地の章で紹介した可児市の大森奥山湿地群の保全活動は、旧来の地元住民ではなく、新しく移住してきた団地住民が主導している。地域の自然を壊してできた団地の住民が、さらなる開発を阻むことについては、利己的だとして批判的な見方もあるものの、これからの里山・里地環境の保全の一つのあり方だと思う。

引用文献

1）ため池地誌編さん委員会（2000）：第2章第1節古代讃岐の開拓と治水，第2節近世におけるため池の発達．ため池地誌編さん委員会（編）讃岐のため池誌，17-38，39-61．ため池地誌編さん委員会，高松．
2）岡光夫・守田志郎（校注）（1979）：為用水、雨池をかまえること，山田龍雄・飯沼二郎・岡光夫・守田志郎（編）百姓伝記・巻一～七（日本農書全集 16）．332，農山漁村文化協会，東京．
3）川端康成（1971）：骨拾い．掌の小説，11-17．新潮社，東京．
4）村上哲生・近藤繁生・松井義雄（1988）：珪藻相の相違に基づく浅い池の類型化；平地に分布する黄褐色の水色の溜池の付着珪藻相の特徴　陸水学雑誌，49: 157-166．
5）Hansen, K.（1962）：The dystrophic lake type（腐植栄養型の湖沼類型）．Hydrobiologia, 19: 183-191．

（村上哲生）

第三章　洞の生物多様性
―地域固有の遺伝的特性保全の観点から―

　洞の生態系は、古くから人々によって維持されてきた生態系がどれだけ残存し、その生態系を維持するために今でもどれだけ多くの人々が関わっているかで、その価値が判断されるケースがある。古くからの農村のライフスタイルが維持され、機能していることを美徳としている感がある。そのためか、洞の生態系保全の必要性が、情緒的に訴えられることがある。「いまどきの研究者は、薪割りもろくにできない」と言われたことがあったが、「薪割りができること」と「研究ができること」は、全く違う能力である。保全の必要性を情緒的に訴えることも時として必要なことかもしれないが、科学的手法や理論に軸足を置かない限り、第三者を説得し、持続的な保全はできないと思う。洞の生態系が、人々のライフスタイルと密接に関連してきたことによって維持されてきたことは、揺るぎない事実である。それならば、人々のライフスタイルや時代のニーズとともに洞の生態系に対する価値観も保全対象となる生物や保全のためのアプローチも変わっていくはずであり、むしろ変わるべきである。ここが、永続的に価値観の変わらない文化財と異なる点だと思う。それに、洞の生態系維持には、伝統的な農作業への回帰が必要といっても、そのような発言は何も科学的に担保されていないし、懐古主義と言われても仕方ない。農業を営む人に対しての無責任な提案でしかない。本章では、DNA 情報から洞に生育する生物の遺伝的多様性や地域性系統（地域固有の遺伝的特性が認められる集団）まで配慮した保全について論じる。そのため、かつての農業スタイルに回帰するような方法での維持や保全を提言しない。

　ある生態系を保全していくための研究には、二つのアプローチがある。一つは、その生態系の成立や維持に関わる要因をモニタリングし、保全していく生態系レベルでのアプローチである。第一章「湿地」で

は、このような生態系レベルでの包括的アプローチについて論じた。それに対して、もう一つは、その生態系内で起こる環境変動に敏感に反応する指標種を選定する種レベルのアプローチである。選定した指標種が永続的に世代交代でき、一定の個体数を維持し続けるために必須の環境要因を明らかにし、保全していく方法である。本章では、指標種を選定する種レベルでのアプローチから洞の生態系について論じる。

　指標種を選定するアプローチは、特定の生物にのみ着目してしまうため、研究や保全を行う主体の嗜好性に左右されやすく、近視眼的になりやすいかもしれない。また、指標種の生育地が開発などで劣化、消失してしまう際には、移設、移入などの対症療法的な保全策が可能なので根本的な解決策とならない。そのため、開発などを容認しているという批判を受けてしまう可能性もある。しかし、研究対象が生物であることから、保全の必要性を訴えるためのシンボルが設定しやすく、保全成果もわかりやすいという利点がある。本章では、洞の代表的な生態系である湿地、草地、二次林（伐採や火災によって消失した森林が自然もしくは人為的に再生した森林）の指標種を選定し、DNA情報によって明らかになった各指標種の遺伝的多様性、移動障壁、地域性系統の事例を紹介する。その上で、各指標種の遺伝的多様性や地域性系統に配慮した保全についての実現性について論じていく。

1. 遺伝的多様性
1-1. 遺伝的多様性保全の必要性とその問題点

　生物多様性とは、生物間の「異なり」のことである。生物間の「異なり」とは、「多種多様な生物」と表現されるような生物種間の異なりである「種の多様性」だけではない。この「種の多様性」を基準として、種内変異（同種内の異なり）の主要な要因となる最下層の「遺伝子の多様性」、そして生物群集と非生物的環境の相互作用によって異なった外観を示す最上層の「生態系の多様性」といった関係多様性も含めた「三つの異なる多様性」である。これら三つの多様性は、階層構造（入れ子構

造）となっている。一つの階層の崩壊は全体の階層、つまり生物多様性の崩壊へとつながってしまうと考えられている。

　生物にとって個体群間を自由に移動できることは、個体群内の遺伝的多様性を高く維持するために必要で、遺伝的多様性の高い個体群は環境の変化に適応しやすいと考えられている。つまり、遺伝的多様性は、個体群の脆弱性の指標として捉えることができる。そのため、個体の移動障壁や生育地の孤立は避けなくてはいけないとされている。洞の地形は小流域圏（分水界に囲まれた集水域）とする半閉鎖空間とみなすことができるので、他の洞との間での個体の移動が起こりにくいことが予測される。洞のように孤立した生育地の遺伝的多様性を維持・回復するために、生育地間での個体移動が可能となるように生態系ネットワークで結ぶという構想がある。しかし、生態系ネットワークで結ぶことは、異なる地域性系統を移入することと同じ危険性がある。そのため、植栽樹では、地域性系統に配慮した移動のための遺伝的ガイドラインが設けられている[1,2]。地域性系統保全のためには、個体の移動を維持しながら、他地域に生育する異なる地域性系統との遺伝的撹乱を防止していく、相反する二つの保全対策を同時に実施していく必要がある。

1-2. 遺伝的多様性評価領域

　生物の個体群内における遺伝的多様性や地域性系統の判別には、植物は葉緑体DNAを、動物はミトコンドリアDNAのイントロンや遺伝子間領域などの非翻訳領域（機能を持たないDNA領域）を解析することが多い。両DNAともに、オルガネラ（細胞内部の器官）に含まれるDNAであるため母系遺伝する。そのため、植物の場合には種子親（ただし、裸子植物については父性遺伝）、動物についてはメスしか解析対象とすることができないという欠点がある。しかし、地域性系統を維持するために移動や交配を行なってはいけないとされている管理単位は、ハプロタイプ（オルガネラDNA配列の相違）の種類や頻度が明らかに異なることと提案されている[3,4]。ハプロタイプは、個体群の起源や地理的分布によって異なるこ

とから、個体群内の遺伝的多様性を評価するには有効である。また、個体の移動障壁や遺伝的分化（遺伝子の交流が妨げられて、個体群間の遺伝子の種類や頻度が異なること）などを推測することができる。ただし、ハプロタイプの多様性が低いことが、本当に遺伝的に脆弱な個体群であるかは証明できない。その理由は、ハプロタイプはイントロンや遺伝子間領域など、自然選択に対して有利にも不利にもならない中立なDNA領域を用いて解析されているので、環境適応性の指標にならないためである。そのため、本章で論じることのできるのは、研究対象とした地域内の母系系統の相違、その系統関係、それら母系系統の移動障壁の有無などであることを断っておく。

2. 地域固有の遺伝的特性 ―洞の生物たち―

　保全対象となっている生物の個体群維持のために、他の生育地から同種の個体群を移入する方法がある。この場合には、地域性系統に配慮した移入を行わなくてはいけない。しかし、地域性系統が異なることが表現型（ある生物がもつ遺伝子の特徴が視覚的にわかる形質として表現されたもの）でも明らかに区別可能なはずなのに、移入されてしまった事例がある。例えば、愛知県武豊町の湿原に自生するナガバノイシモチソウ（*Drosera indica*、モウセンゴケ科）は、本来は白花のみだったにも関わらず、赤花のものが植え込まれてしまった[5]。このように花色などの表現型で地域性系統が区別できる場合には、DNA解析は不要である。DNA解析によって地域性系統を判別するということは、現在気づいていないが将来気づくかもしれない地域固有の形質などを維持するための予防的措置である。本章で紹介する各生物についても、観察した限りでは形態などの表現型で地域性系統を判別することができなかった生物であることを断っておく。

2-1. モウセンゴケ属は単一系統

　食虫植物モウセンゴケ（*Drosera rotundifolia*、モウセンゴケ科）、コモウセ

ンゴケ（*D spatulata*、モウセンゴケ科）、トウカイコモウセンゴケ（*D.tokaiensis* subsp *tokaiensis*、モウセンゴケ科）は、湧水湿地だけでなく湿潤な土壌環境ならば生育可能である。特に、トウカイコモウセンゴケは、周伊勢湾地域を分布の中心とする東海丘陵要素に含まれ[8]、モウセンゴケとコモウセンゴケを両親種として起源したと考えられている[9]。そのため、洞の湿地生態系の指標種といえる（図3-1、口絵2-1）。

1 cm

特徴＼種名	モウセンゴケ	トウカイコモウセンゴケ	コモウセンゴケ
染色体数	2n=20 (2倍体)	2n=60 (雑種複2倍体起源の6倍体)	2n=40 (4倍体)
葉の形態	倒卵状扁円形で基部はくびれて長い柄になる	葉柄はやや明瞭でスプーン型	葉柄は不明瞭なヘラ型
葉の長腺毛	葉柄無毛	葉柄基部のみ無毛	全体に長腺毛
分布	国内では北海道～九州,北半球の温帯～亜寒帯に広く分布	本州 (北陸～中国), 四国, 九州に分布	本州 (宮城県以南)～琉球,中国, 台湾, 東南アジア,オーズトラリアに分布

図3-1 モウセンゴケ（左）、トウカイコモウセンゴケ（中央）、コモウセンゴケ（右）と3種のモウセンゴケ属植物の特徴[6,7]
トウカイコモウセンゴケは、モウセンゴケを花粉親、コモウセンゴケを種子親として誕生した雑種と考えられている。（写真は市橋泰範氏より分与を受けた）

2-1-1. モウセンゴケ属植物の遺伝的変異

モウセンゴケ（ロシア・サハリンから熊本県・阿蘇で採集された7集団）、コモウセンゴケ（周伊勢湾地域の7集団）とトウカイコモウセンゴケ（周伊勢湾地域の18集団）の葉緑体DNA中の28の領域についてDNA配列を比較した[10]。その結果、DNA配列が決定できた4領域（*pet*Bイントロン、*rbc*L遺伝子領域、*rpl*16-*rpl*14遺伝子間領域および*trn*W-*trn*P遺伝子間領域）で、コモウセンゴケとトウカイコモウセンゴケのDNA配列は完全に一致した[10]。葉緑体DNAは母系遺伝することから、コモウセンゴケがトウカイコモウ

センゴケの種子親であることが明らかになった[10]。そして、これら葉緑体DNAの四つの領域は、いずれのモウセンゴケ属においてもDNA多型（DNA配列の相違）は認められなかった。この結果が意味するのは、調査対象地域に生育する3種のモウセンゴケ属はいずれも単一の母系系統の可能性が高いということである。

モウセンゴケ属は世界で約150種が知られていて、その多くは南半球に分布している[11]。分子系統学的解析からモウセンゴケ属の起源地は、南半球のアフリカもしくはオーストラリアと考えられ、北半球への分布域拡大は大陸移動とは関係ない長距離散布によるものと考えられている[11]。したがって、モウセンゴケ、コモウセンゴケの葉緑体DNAにDNA多型がなかったことから、両種ともに遺伝的に単一な母系系統が日本列島で比較的短期間に分布域を拡大させたといえる[10]。そのため、トウカイコモウセンゴケは比較的短期間に起源したと考えられる[10]。

2-2-2. モウセンゴケ属植物の群落再生法

周伊勢湾地域に生育するモウセンゴケ属3種は、いずれも単一な母系系統であった。したがって、地域性系統を維持するための管理単位[3, 4]に従うと、これら3種のモウセンゴケ属の周伊勢湾地域内での移動に制限をかける必要がないことになる。この前提条件のもと、モウセンゴケ属群落の主な消失要因である「生育地の植生遷移（時間の経過とともに植物種の構成や量が変化していく現象）による消失」と「生育地そのものの消失」の対策として、現場レベルで可能な再生法について考察してみる。モウセンゴケ属の生育地において、植生遷移の進行に伴って個体数が減少した個体群も、他の植物を除去して光環境を改善してやると、シードバンク（土壌中の発芽能力を有した埋土種子）由来の実生（芽生え）によって2年後には個体数が10倍に増加したという報告がある[12]。このことから、植生遷移の進行によって個体群が衰退してしまった場合には、競合する植物種の除去や光環境の改善を行えば、シードバンクによる個体群の回復が期待できる。

　一方、生育地そのものが消失する場合の再生法には、二つの方法がある。一つ目は、消失する生育地から株を新たな生育地に直接移設する方法である。株を移設することになると、移植作業と工事期間中に保存栽培するためのスペースと人材の確保が必要となる。この問題はシードバンクを利用することによって解決することができる。30年以上前に小規模な湧水湿地があった場所のシードバンクからでもトウカイコモウセンゴケが発芽することから、種子の寿命は非常に長いことがわかっている[13]。そこで、二つ目の方法として、生育地が消失される前に、湿地表層を削り取って土嚢袋などに入れて保存し、新たな生育地に土壌を散布する方法である。この方法は経費もかからず、移設までの間は、ほぼメンテナンスフリーでシードバンクの保存が可能である。

2-2. 地史的イベントに規定されたヒメタイコウチの遺伝的変異

　ヒメタイコウチ（*Nepa hoffmanni*、タイコウチ科）は、体長18～22mmの暗褐色で枯葉によく似た水生昆虫である（図3-2）[14]。これまでの観察から周伊勢湾地域の主な生息地は湧水湿地だが、浅い水域ならば水田の用水路、沢筋沿いの湿地、山道沿いの浸出水による水たまりなど、洞の様々な水圏環境も生息地となっていた。このように浅い水域に生息しているのは、タイコウチ科の特徴である水面から空気を取り込むための呼吸管

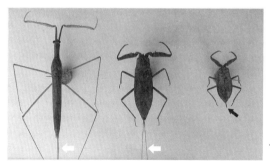

1 cm

図3-2 ミズカマキリ（左）、タイコウチ（中央）、ヒメタイコウチ（右）
同じタイコウチ科のミズカマキリとタイコウチの呼吸管（⇦）に比べると、ヒメタイコウチの呼吸管（⬅）は3～4mm程度と非常に短い。（写真は堀川大介氏より分与を受けた）

が3～4mm程度と非常に短く、水圧を感知する器官も持たないので、水中への適応が極めて不十分なためである（図3-2）[14]。また、後翅が退化しているため飛翔能力を欠き、移動性に乏しい。そのため生息地が消失する場合には移動による回避が困難なため、そこの個体群は絶滅してしまう可能性が高い[14]。

2-2-1. ヒメタイコウチの分布域を規定した地史的イベント

　ヒメタイコウチは、国内だけでなく朝鮮半島、中国東北部、ロシア・ウスリー地方にも生育していて、同属のヨーロッパヒメタイコウチ（*N.cinerea*）がフランスで確認されている[14]。そのため、ヒメタイコウチはユーラシア大陸で起源し、ユーラシア大陸と日本列島が分離した時に、日本列島に残存したと考えられている[14]。しかし、ヒメタイコウチは日本国内全域に残存したわけではない。周伊勢湾地域を分布の中心として、奈良県、和歌山県、兵庫県、香川県に局在している[14]。このような局在的な分布は、過去にこの地域で起こった地史的イベントが要因と考えられている。鮮新世後期～更新世前期（約300万～100万年前）には、東海地方～近畿地方および四国に東海湖、古琵琶湖、古大阪湖が存在し、それらが狭い幅でつながった淡水域が広がっていた[15]。ヒメタイコウチは、この淡水域がある間は移動分散することができたが、更新世中期（78万年前）になると淡水域は分断・消失してしまったため、現在のような局在的な分布となったと考えられている[15]。

2-2-2. 周伊勢湾地域の地史的イベントによるヒメタイコウチの隔離

　主な生息地である周伊勢湾地域と四国のヒメタイコウチについて、ミトコンドリアDNAの16S rRNAを解析してみると、17のハプロタイプが検出された[16]。そこで、最小限の突然変異しか起こらなかったと仮定し、ハプロタイプ間の系統関係を視覚的に表すことのできるハプロタイプネットワークを構築した（図3-3）。その結果、香川県グループ、西三河南部グループ、知多半島グループ、周伊勢湾全域グループ（知多半島

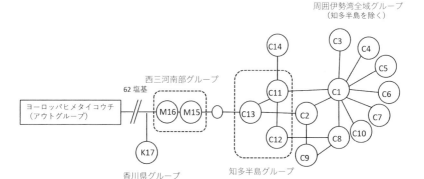

図3-3 ヒメタイコウチのミトコンドリアDNAの16S rRNA遺伝子領域のハプロタイプネットワーク（中村ら，2013を一部改変）[16]
　円中のアルファベットと数字はハプロタイプ名を表す。各ハプロタイプをつなぐ線は二つのハプロタイプ間に1塩基の変異が存在することを示す。
　○は確認されていない架空のハプロタイプを示す。

を除く）の順に分岐しながら異なる四つのグループに分かれた[16]。そこで、周伊勢湾地域の三つのグループの局在性について、地史的イベントと関連付けて考察してみる。
　周伊勢湾全域グループ（知多半島を除く）は、比較的新しい時代にハプロタイプC1から起源して周伊勢湾全域に一斉放散したグループであった。ハプロタイプC1は、濃尾平野の東縁の猿投山地や、西縁の養老山地などの地理的障壁に隔たれることなく周伊勢湾地域のほぼ全域55地点で確認できた。また、生息が確認できた55地点の表層地質年代は、51地点が更新世中期以前（～78万年前）で、残る4地点が更新世中期以降（78万年前～）であった。ヒメタイコウチの移動性の低さを考えると、東海地方から四国までの淡水域が消失する更新世中期以前（～78万年前）には、ハプロタイプC1はすでに周伊勢湾全地域に分布していたことになる。一方、更新世中期以降（78万年前～）の表層地質では、生息地がほとんど確認できなかった。更新世中期以降（78万年前～）の表層地質は主に堆積層の段丘と沖積平野からなり、間氷期や完新世の縄文海進（1万年

前）によって幾度となく海域となった[17]。そのため、更新世中期以降 (78万年前～) の表層地質上に生息地があったとしても、縄文海進時に消失してしまったと考えられる。

　一方、西三河南部グループは、東海堆積盆発達初期 (鮮新世前期、530～300万年前) に隆起したと考えられている西三河南部の領家変成岩類表層にのみ分布していた。この領家変成岩類表層地域は、東海堆積盆発達初期 (鮮新世前期、530万年～300万年前) には既に隆起し、それ以降も東海層群の堆積域からは外れている[18]。このように西三河南部グループは他の周伊勢湾地域から隔離されたため、他地域と共通しない独自のハプロタイプが残存したものと考えられた。また、知多半島グループについても、知多半島は更新世中期以降 (78万年前～) 海進時に孤島化していることから[18]、西三河南部グループと同様に地理的隔離が起こった。このように同じ周伊勢湾地域でありながら、西三河南部と知多半島に独自のハプロタイプが残存したのは、いずれも地理的隔離によって起こった遺伝的浮動（隔離された生息地で個体数が少ないために確率論的に少数のハプロタイプに減少していく現象）によるものと考えられた[16]。

　ヒメタイコウチは移動性が乏しいことから、今後も移動させることがなければ、地域性系統は維持されていくものと思われる。したがって、地域性系統に配慮した保全を実施するのであれば、西三河南部グループと知多半島グループについては、各地域内だけでの移動に制限する必要がある。また、移設による保全を行うのであれば、移設時期についても重要である。ヒメタイコウチは、4～6月に交尾し、20～40日間で孵化し、その後脱皮を繰り返しながら60～90日間で成虫になる[14]。ヒメタイコウチは、暗褐色で枯葉によく似ていて、小型であるため生育初期段階では湿地での捕獲は難しい。そのため、8月以降、体長2cmくらいになると見つけやすくなる。移設候補地を8月までに選定し、8月以降に捕獲し、移設しておくと、翌春からの繁殖が期待できる。

2-3 ハッチョウトンボの洞を超えた遺伝的交流

　ハッチョウトンボ（*Nannophya pygmaea*、トンボ科）は、体長16〜21mmの世界最小のトンボである。その生息地環境は限定していて、ヤゴの捕食者が生息できないほどに水深が浅く、冬でも水が涸れず、餌であるミジンコやボウフラの餌となる植物性プランクトンが育つことのできる日当たりのよい湿地でしか生息することができない。周伊勢湾地域では、ヒメタイコウチと同じ場所に生息していることが多く、湧水湿地の指標種となっている（口絵2-2）。

2-3-1. 周伊勢湾地域のハッチョウトンボの起源

　ハッチョウトンボは、国内では本州から九州、国外では南アジア、中国、朝鮮半島およびオーストラリアに分布している[19]。韓国の研究グループによって、韓国に生息するハッチョウトンボのミトコンドリアDNAのCOI遺伝子（COI）には、10のハプロタイプ（韓国グループ）があることが報告されている[20]。そこで、岐阜県東濃地方のハッチョウトンボについてCOIを解析してみた[21]。その結果、韓国グループとは異なる四つのハプロタイプ（東濃グループ）が確認された。韓国グループと東濃グループを合わせてハプロタイプネットワークを構築すると、韓国グループの方が古く、東濃グループの一部は韓国グループから派生した系統であることが明らかとなった（図3-4）。

2-3-2. ハッチョウトンボの遺伝的地域特性

　東濃グループから確認された四つのハプロタイプ（ハプロタイプT01〜04）の内、最も多く確認されたハプロタイプT01（全体の85%）は、東濃地域全域にランダムに分布していた。残りの三つのハプロタイプ（T02〜04）については地域局在性が認められたが、距離、地形などの要因との関連性はなかった。先のヒメタイコウチ同様に三つのハプロタイプ（T02〜04）に認められた地域性系統は、生息地固有の環境条件と密接に関連したものではなく、地理的隔離によって起こった遺伝的浮動によるもの

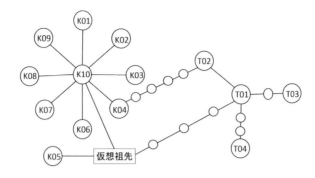

図3-4 ハッチョウトンボのミトコンドリアDNAのCOI遺伝子領域のハプロタイプネットワーク
円中のアルファベットと数字はハプロタイプ名を表す。K01〜10は韓国で、T01〜04は東濃地方で確認されたハプロタイプ。各ハプロタイプをつなぐ線は二つのハプロタイプ間に1塩基の変異が存在することを示す。〇は確認されていない架空のハプロタイプを示す。

と考えられた。

2-3-3. ハッチョウトンボの移設について

　ハッチョウトンボの生息地が消失してしまう場合には、冬季にヤゴが生息している土壌ごと移すことによって、個体群を保全する方法が有効である[22]。ハッチョウトンボのヤゴは非常に小さいため捕獲が困難で、また、移動性のある成虫の放虫も定着してくれるか判断が難しいことから、土壌ごとヤゴを移設する方が成功率が高く、容易である[22]。

　そこで、東濃でハッチョウトンボの地域性系統に配慮した移設には、どのような配慮が必要かを考察してみることにする。東濃全体で最も多く確認されたハプロタイプT01は、東は中津川から西は多治見までの直線距離で約45kmの間に分布していた。ハプロタイプT01は、この約45kmの区間であれば移設してよいことになる。ただし、残りの三つのハプロタイプ（T02〜04）も、この区間に分布していた。東濃地方には湧水湿地が、推定でも1000を超える数があると考えられている[23]。東濃地

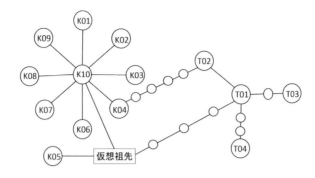

域内で地域局在性のあった三つのハプロタイプ（T02〜04）との遺伝的撹乱を避けるためには、この地域内に生息する個体群のCOIをあらかじめ解析しておく必要がある。これは、技術的には可能かもしれないが、かなりの時間と費用、煩雑な作業を要するので実現は困難といえる。

2-3-4. 同じ湿地に生息しているけれども

　ハッチョウトンボはヒメタイコウチと異なり飛翔能力があるが、ほとんど羽化水域を離れないと言われている[19]。しかし、周伊勢湾地域では砂防ダムに出現した新たな湿地や法面（人工的に造られた傾斜地の斜面部分）から浸み出した湧水によってできた小さな水溜りでも生息している。このことから、ハッチョウトンボは全く移動しないわけではないし、その移動というのも数万年のスケールではなく、数年くらいの単位で移動しているようである。そのため、ヒメタイコウチのように、地域に局在しているハプロタイプが永続的に定住し続ける可能性は低いと考えてよい。このことから、東濃地方内であれば、DNA解析ができない場合は、個体群保全を優先し、移設してよいと考えられる。実際には個体群の保全を優先し移設するか、それともあくまで地域性系統を見極めた上で移設するかは、保全に関わるステークホルダー（利害関係者）に委ねるしかないと思う。この2種の水生昆虫は同じ場所に生息しているが、地域性系統まで配慮した移設を実施する際、事情が異なることを理解しておかなくてはいけない。また、DNA解析の際、ハッチョウトンボならばヤゴの抜け殻、ヒメタイコウチならば脚が一本あれば解析可能であるので個体を殺生することなく解析できるが、この方法ではDNA抽出効率が悪い。DNA抽出効率を高めるためには、殺生することになるが、捕獲し、体内から摘出された組織片からDNAを抽出する必要がある。この2種の水生昆虫は、湿地生態系の指標種であると同時に象徴種（ある特定地域の保全に対して人々の関心を促す象徴的な生物種）となっている。そのため、殺生を伴うDNA解析を保全団体や行政が理解し、許可してくれなくては実施することができない。また、生息地が消失するような開発などが

ある場合には、成虫を捕獲できる時期にDNA解析をし、その後移設を行う必要がある。そのため、少なくとも開発の1年前にはDNA解析と移設予定地の選定を終了しておく必要がある。このように殺生を伴うDNA解析を許可してもらうこと、生息地消失前にDNA解析を終了し、移設しておくことができるかが、地域性系統を研究する際の最大の律速要因となっているのが現状である。

2-4. 同じ場所に生息する2種のネズミ　—アカネズミとヒメネズミ—

　この節では、ハッチョウトンボよりも移動性が高い、洞の代表的な小型哺乳類のアカネズミ（*Apodemus speciosus*、ネズミ科）とヒメネズミ（*A. argenteus*、ネズミ科）（図3-5）の遺伝的多様性と地域性系統について、両種の生態の違いから考察してみる。

　両種は、いずれも日本固有の森林性の野生ネズミで、食性も類似していることから同じ場所に生息していることが多い[24]。野生ネズミは農林業の害獣として、古くから防除のための研究がされてきた[25,26]。しかし、近年になって森林の再生に必要な樹木種子の運搬[27]に貢献していることが明らかになると、森林生態系維持への役割が評価されるようになってきた[28,29]。それに、両種が多く生息することができる森林は、餌資源となる植物の種多様性が高く[30]、両種を餌とする中型哺乳類の生息地として高いポテンシャルを有していることから、森林生態系における生物多様性の指標種とされるようになった。両種とも学術調査目的であ

図3-5 アカネズミ（左）、ヒメネズミ（右）
頭胴長はアカネズミが80〜14mm、ヒメネズミが65〜100mm。両種ともに、低地から高山帯まで広く分布。アカネズミは地上生活であるのに対して、ヒメネズミは半樹上生活をする[24]。

れば、都道府県から捕獲許可を取ることができ、小型で取り扱いも容易
な上、遺伝的多様性評価のためのDNA領域についても報告されている。
筆者らも遺伝的構造[31]、個体の移動障壁[32]、DNA情報による糞中から
の植物性餌資源の推定[33]などの研究を実施してきた。

2-4-1. 遺伝的分化と移動能力の関係

　愛知県春日井市弥勒山（みろくやま）の異なった三つの林相（サカキ－コジイ群落、コナ
ラ群落、ヒノキ－アセビ群落）（図3-6）で3年間に捕獲されたアカネズミとヒ
メネズミのミトコンドリアDNAのD-loop領域（D-loop）を解析し、遺伝的
多様性と各林相間の遺伝的分化について評価した[32]。

　両種は同じ場所に生息することが多く、餌資源に対しての嗜好性も似
ている[24]。しかし、両種間で、遺伝的多様性と林相間での遺伝的分化は
異なっていた。ハプロタイプはアカネズミの方がヒメネズミよりも多様
であった。また、アカネズミは三つの林相間で遺伝的分化は認められな
かったことから、高低差60m、直線距離にして350mは、個体の移動障
壁となっていなかった[32]。それに対して、ヒメネズミも高低差30m、直
線距離にして210mのコナラ群落とサカキ－コジイ群落間では遺伝的分
化が確認されなかったが、高低差60m、直線距離にして350mのヒノキー

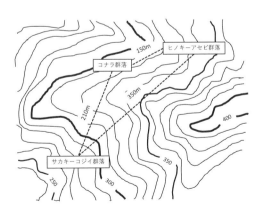

**図3-6 愛知県春日井市弥勒山の異
なった三つの林相（サカキ－コジイ
群落，コナラ群落，ヒノキ－アセビ
群落）配置図と各群落間の距離**
各群落名をつなぐ点線上に直接距離
を示した。なお、コナラ群落（標高
310m）とヒノキ－アセビ群落（標高
340m）は同じ谷筋に位置し150m
離れている。コナラ群落とサカキー
コジイ群落（標高280m）との間に
は30mの高低差があり、直線距離で
210m離れている。また、サカキー
コジイ群落とヒノキ－アセビ群落間
は高低差60m、直線距離で350mあ
る。（白子ら，2014を一部改変）[32]

アセビ群落とサカキーコジイ群落間で遺伝的分化が確認された[32]。アカネズミの方が様々な環境の変化に対しての適応性が高く[34]、移動も活発[35]なことが知られている。そのため、調査地全体の遺伝的多様性が高く、林相間の移動も活発であったため遺伝的分化が認められなかったものと考えられる。一方、ヒメネズミは半樹上性であることから[24]、生息地に対しての定着性が高いため林相間での遺伝的分化が生じたものと考えられる。このような両種間の遺伝的多様性や林相間の遺伝的分化の相違は、両種の生態の違いによるものと考えられる。しかし、ヒメネズミも異なる林相間で同一のハプロタイプが検出されていることから林相間を全く移動していないわけではなかった。それに、両種ともに毎年新たなハプロタイプが検出されたことから、洞の分水界を超えて常に異なる母系系統由来の個体が移入していた。

2-4-2. 解析領域によって異なる遺伝的分化

　次に、別の研究グループが実施した両種の日本国内全域を網羅した二つの研究を紹介する。まず、同じミトコンドリアDNAだがD-loopよりも進化速度の遅いチトクロームb遺伝子（チトクロームb）[36]を解析対象として、日本国内全域を網羅した両種の遺伝的分化の地理的パターンを紹介する[37]。この領域を解析すると、アカネズミは日本列島の外側グループ（佐渡、北海道、伊豆諸島、薩南諸島）と内側グループ（本州、四国、九州）に分かれた。しかし、ヒメネズミには，アカネズミで認められたような地理的分布の局在性はなかった。もう一方の染色体数に関する報告[38]では、アカネズミだけの報告となるが、黒部一浜松ライン（富山県黒部と静岡県浜松を直線で結んだライン）を境に、染色体数は北は2n=48、南は2n=46と異なっていた[38]。これら二つの研究結果を統合すると、本州に生息するアカネズミは黒部一浜松ラインを越えなければ、地域性系統に配慮した移設をしたことになる。また、ヒメネズミは染色体数の報告がないので、チトクロームb[37]だけで判断するならば、本州内での移設は自由に行えることになる。筆者らのD-loopの結果と、これら二つの研究

成果[37,38)]を統合すると、この地域の洞に生息する2種のネズミを移設する際には、地域性系統に配慮する必要はないといえる。

2-4-3. 地域固有の遺伝的特性に配慮した移設は必要なのか

　これら2種のネズミは日本の固有種であることから、本章で紹介しているモウセンゴケ属、ヒメタイコウチ、ハッチョウトンボよりも世界的には固有性が高い生物といえる。それに捕獲が容易なので、移設は技術的に可能である。しかし、両種ともに洞の分水界を超えて移動できることから、地域性系統を保持するグループが特定の洞に局在し続ける可能性は低い。また、両種は様々な環境に対しての適応性も高く、個体数も多い。そのため、保全の緊急性から考えると、湿地生態系の生物よりも優先度は低いというよりも、保全対象となりにくい。筆者が知る限り、生息地の消失による移設などの計画を聞いたことがない。両種は緑地帯などの移動可能なコリドー（回廊）を創出してやれば、生息地の移動は可能である。しかし、「ネズミごとき」のために、労力・費用をかけてコリドーを創生することにステークホルダーから同意を得られるとは思えない。人為的にコリドーを創生しなくても、両種は消失していく生息地から新たな生息地を求めて勝手に移動するに違いない。そもそも移設までして保全する必要がないのかもしれない。

3. 草地管理が遺伝的多様性の消失につながる　—ハルリンドウ—

　洞の生態系は、人によって創られ維持されてきた里地里山である。そのため、洞の生態系を維持していくためには、人による管理が必要と考えられる。

　草地生態系の代表的な植物であるハルリンドウ（*Gentiana thunbergii*、リンドウ科）を例に、本当に人による草地管理がハルリンドウの個体群の維持に貢献しているのかを、個体数・遺伝的多様性に与える影響という観点から考察してみる。ハルリンドウは、日当たりのよいやや湿り気のある地を好む高さ5〜15cmほどの小さな植物で、早春の里地里山で咲く代

表的な植物である（図3-7）。日本（本州～九州）、中国、朝鮮半島と広い分布域を持つ植物だが、現在は開発などによって生育地が消失していることから、絶滅が危惧されている。そのため、洞に生育する個体群も保全対象となっているケースが多い。

3-1. ハルリンドウの生育地適性

　岐阜県恵那市の中部大学研修センター（以下，研修センター）の洞で、個体数・遺伝的多様性と生育地環境の関係性について調査した（図3-8）[39]。洞の一部は、現在は造成されグラウンドや法面になっているが、洞の代表的な植生である湧水湿地、二次林、水田跡、草地などが残存し、多くのハルリンドウが生育し

図3-7 ハルリンドウ
高さ5～15cmほどの小型のリンドウで、3～5月頃に茎頂に一つだけ青紫色の花冠をつける。朝、日光を受けると開花し、夕方になると花冠を閉じることを繰り返す。花色、花冠内部の模様、花冠裂片の形状など種内変異が多い。

ている。ここを調査フィールドとして、ハルリンドウの開花最盛期（4～5月）に27のコドラート（調査のために設置した方形枠）を設け、その中の個体数をカウントした。一つのコドラート内の個体数は、4～96個体/㎡と非常に大きくばらついた。コドラート内の個体数を指標として生育地適性を評価すると、天空率（生育地の開放状況の指標。100%の場合は地平線を含む全方向に天空を遮蔽するものがなく、0%の場合は天空がすべて遮蔽されている）は15～40%と比較的上空が開放され、コドラート内の裸地率が25%以下で、適度に湿った土壌であれば土性の種類（砂壌土，壌土，埴壌土，軽埴土）に関係なく個体数密度が高くなった[39]。このように、ハルリンドウの個体数密度が高い場所は、典型的な草地生態系の特徴を有していた。

3-2. ハルリンドウの遺伝的多様性と人為的撹乱の関係

　各コドラート内の遺伝的多様性を評価するために、葉緑体DNAの

tRNASer（UGU）とribosomal protein S4遺伝子間領域（*trn*S-*rps*4）を解析した結果、27のコドラートから五つのハプロタイプが確認できた[39]。コドラートごとのハプロタイプ数に注目すると、一つのハプロタイプだけで構成される集団（以下、単一集団）と、二つもしくは三つのハプロタイプが混在した集団（以下、多様性集団）が確認された。コドラート内の個体数は、単一集団は7～78個体/㎡、多様性集団は4～96個体/㎡と、遺伝的多様性と個体数に相関はなかった。コドラート内のハプロタイプ数の差異は、個体数の相違ではなく生育地の人為的撹乱の相違で説明できた。単一集団のコドラートは、一度は造成によって生育地が消失し、その後に草地として回復した場所か、人為的に草地化した法面、もしくは通路沿いの除草作業など人為的撹乱頻度の高い草地であった。一方、多様性集団は二次林ギャップの湧水湿地や二次林内の湿潤な林床などで、人為的撹乱がほとんどない場所で多くなった（図3-8）。例えば、造成地の湿潤な場所では一つのコドラート内に78個体が生育していたが、そ

図3-8 中部大学研修センター内のハルリンドウのハプロタイプの分布
写真中の実線（—）で囲まれたグラウンド周辺の法面、草地など人為的撹乱頻度の高い場所では、一つのハプロタイプだけで構成される集団（単一集団）のみが確認された。しかし、点線（---）で囲まれた森林内ギャップなどの人為的撹乱のほとんどない場所では、二つもしくは三つのハプロタイプが混在した集団（多様性集団）が確認された。

のすべてが同一のハプロタイプとなったものがあった。一方、二次林内ギャップの湧水湿地ではコドラート内に4個体しか生育していなかったが、三つのハプロタイプを確認することができたものがあった。一般的に集団サイズ（個体数）は遺伝的多様性の主要因で、個体数は遺伝的多様性と相関があると考えられているが[40]、研修センター内では個体数と遺伝的多様性は必ずしも相関しているわけではなかった。多様性集団のコドラートが多かった二次林は、1972年に研修センターが建設されるまでは草地だった。その後、放置されたため植生遷移が進行し、現在は落葉樹と常緑広葉樹によって森林化した場所である。これまで里地里山の湿地や草地に生育する植物の個体数減少要因は、管理の不足や生育地の植生遷移の進行とされてきたが、遺伝的多様性については必ずしもそうではないようである。法面や通路沿いで遺伝的多様性が低くなったのは、人為的撹乱（造成や除草作業など）がボトルネック効果（個体数の減少とともに遺伝的多様性が減少し、その後の生育環境の回復によって個体数が増加したとしても、遺伝的多様性は増加しない現象）として作用したためと考えられた。

3-3. 阿蘇の野焼き

　このような草地管理による遺伝的多様性の低下は、国内最大級の草原を保有する阿蘇くじゅう国立公園（以下、国立公園）に自生するハルリンドウについても起こっていた。国立公園では火入れ、採草および放牧などの草地管理によって維持されている草原地帯にハルリンドウが広く分布している（口絵2-3）。環境省の採取許可を得て、国立公園内の50カ所からハルリンドウを採取し、研修センター同様に *trnS-rps4* を解析して遺伝的多様性評価を実施した。その結果、四つのハプロタイプ（四つの内、周伊勢湾地域で確認されたハプロタイプを一つ含む）が確認できた。多様性集団は草地管理がされていない中岳周辺部の2カ所と阿蘇郡産山村の1カ所のみで確認された。一方、外輪山の草地管理がされている47カ所はすべて単一集団だった。単純に面積だけで比較することはできないが、約727k㎡の広大な国立公園の方が、約34万㎡の研修センターよりも

集団間および集団内変異がともに低くなることが確認された。近年、国立公園では草地管理が不足していると言われているが、草地を維持するために長年行なわれてきた管理は、阿蘇山の草原地帯に自生するハルリンドウの遺伝的多様性を低下させたようである。

　洞をはじめとする里地里山の生態系は、人との関わりの中で維持されてきたが、実際に維持されてきたものは景観である。生態系を構成する個々の植物の生育地の消失や個体数減は、昨今問題となっている里地里山の手入れ不足や、放棄・放置による植生遷移進行と考えられている。しかし、火入れ、採草などの伝統的な草地管理が遺伝的多様性を低下させている場合もある。

4. まとめ　―遺伝的多様性保全の問題点―

4-1. ハゲ山で生き残った生物

　本章で紹介した洞の植物、水生昆虫、ネズミ類の主な生育地は、比較的最近までハゲ山だったことが記録として残っている[41]。ハゲ山とは、樹木の根まで収奪された結果、土壌は浸水能力や保水力を失い、植物の生育に必要な表土までもが流亡してしまった状態のことをいう。ハゲ山は伐採された樹木の萌芽（ほうが）によって二次林が再生できる丸刈りよりも、深刻な状態である。そのため、ハゲ山だった頃は森林植生はなく、湿地生態系は地形的撹乱によって常に創生と消滅を繰り返していたと考えられる。

　ハゲ山となった原因は、この地域で古くから窯業が盛んだったためである。窯業の始まりは古墳時代で、奈良時代から平安時代にかけて陶器生産は急激に増大し、森林から繰り返し薪が過剰に収奪された。特に江戸時代中期以降は、山地の荒廃が進み、土砂の流出が激しくなり、完全なハゲ山となった。今日のような二次林となったのは治山・植林事業が実施された明治以降である[41]。そのため、本章で紹介した生物の分布状況や地域性系統は、周伊勢湾地域のような広域スケールの場合は、地史的イベントの影響を強く受けたと考えられる。しかし、洞のようなロー

カルなスケールでは、地史的イベントが治まった後の比較的新しい数千年単位で起こったハゲ山化とその回復のための治山・植林事業の影響を強く受けていると考えられる。モウセンゴケ属は、表土のない砂礫層が露出したハゲ山でも湧水に涵養された湿潤な土壌環境さえあれば生育していたと思われる。だが、ハゲ山は地形的撹乱が起こりやすいため、長期的に安定した群落を形成することはできなかったかもしれない。モウセンゴケ属は面的に湧水で涵養された粘土層からなる丘陵地崖線や道路沿い切土法面などに、他の植物よりも先に群落を形成できるパイオニア種である。また、個体群が消失しても、シードバンクの種子によって回復が繰り返されていたと考えられる。ハッチョウトンボの成虫は、移動障壁となる森林帯がないため、地理的隔離は少なく、現在よりも長距離移動が可能だったかもしれない。また、移動性が低いハッチョウトンボのヤゴやヒメタイコウチも、地形的撹乱によって少しずつだが移動できたかもしれない。そして、現在のような比較的安定した地形の森林内に残存した湧水湿地に2種の水生昆虫が局在するようになったのは、明治以降の治山・植林事業によって地形的撹乱が治まってからだと考えられる。森林性のネズミ類は、ハゲ山には生息していなかったと思われる。現在、洞の二次林に生息するネズミ類は、明治以降に本格的なハゲ山復旧工事のための植林がされ森林植生が再生した後、今よりも標高の高い山地帯や洞に残存していた森林帯から移入してきた個体群と考えられる。

4-2. 保全遺伝学の問題点

　本来の生育地内での保全を立案する際のステークホルダーは、自然環境保全団体、研究者、土地所有者、地域住民、行政、事業者などの多様な主体であることが望ましい。そのため、誰でも理解できる保全対象生物の評価法を設定する必要がある。保全対象生物の生育の有無や個体数の確認などは、大学研究者でなくても調査・評価が可能で、その結果についても理解でき、すべてとはいえないが保全に活かすことができる。しかし、地域性系統については、大学研究者でなくては調査・評価でき

ない上、保全方法についても大学研究者の見解に従うしかない部分がある。そして、地域性系統についての研究成果の中には、具体的な保全策として実用化できるものと、できないものがある。このことを保全に関わるステークホルダーも理解しておく必要があり、大学研究者も理解してもらうための努力をする必要がある。そして、ステークホルダーに対して安易に理想論だけを語り、実現できるかどうかわからない提案をすることは避けるべきである。

　地域性系統保全の必要性は、自然環境下に生育する生物だけではない。植栽木の移動に関する遺伝的ガイドライン[1]では、国内で植栽されている代表的な樹種について、地域性系統を配慮した種苗（種子や苗）の移動制限ラインを提言している。このガイドラインによると、いずれの樹種も日本列島を地方レベルもしくは東西で数カ所区分する程度の種苗移動範囲を考慮すればよいとしている[1]。例えば、洞の二次林に生えているヤマザクラ（*Cerasus jamasakura*、バラ科）は九州とその他地域の間で、イロハモミジ（*Acer palmatum*、ムクロジ科）は中部地方と近畿地方の間で地域性系統が異なっているので、この両地域間での種苗移動は避けるべきとしている[1]。本章で説明した植物、水生昆虫、ネズミ類は、樹木とは一世代の時間スケールも、生態も異なるため、一概に比較することはできない。しかし、必要以上に地域性系統を細分化することは保全の実用性・持続性を担保できない可能性がある。また、地域性系統に配慮した保全活動は確かに必要であるが、科学的根拠を示さないで、ただ漠然と理念だけが先走りしているケースがある。特に、地域性系統という理念だけが先走っているステークホルダーの中には、「自分たちが保全対象としている生物は、地域固有の系統なので、非常に希少性の高いものである」と、意識・無意識に期待しているように思える。また、これまで多くの生物で解析されてきた地域性系統とは、いずれも自然選択に対して中立な領域であって、その地域の環境に適応した変異を検出しているわけではない。しかし、オルガネラDNAの地域固有の遺伝的変異が検出されると、地域固有の形質を保持しているものと誤解するケースが多

い。このような誤解を解くためには、大学研究者側の丁寧な説明が必要
となってくる。

　オルガネラDNAの数領域を解析しても、本当の意味で遺伝的多様性
や地域性系統を評価していないし、自由に繁殖可能な集団が保有する遺
伝子の総体である遺伝子プールを共有しているかの判断はできない。そ
のため、これらの問題を解決する方法として、現在では次世代シーケン
サーを用いた複数の独立した遺伝子座を解析する方法が提唱されている
[42]。また、DNA解析だけでなく、形態や生理的特性などの類似性、同
一性についても精査して、初めて地域固有の個体群であることを証明し
たことになる。しかし、この問題をすべてクリアーするには、高度な研
究施設、潤沢な研究費、煩雑な解析、難解な結果解釈などが必要となっ
てくる。遺伝的多様性や地域性系統を保全するためには、DNA解析の
解像度、評価対象エリアなどの厳密性だけでなく、実用性・持続性が担
保できる方法を、生物ごとに検討する必要がある。

引用文献

1) 津村義彦・陶山佳久（編）（2015）:『地図でわかる樹木の種苗移動ガイドライン』.
文一総合出版, 東京.

2) 南基泰・森高子・米村惣太郎（2018）: 地域性に配慮した緑化工のための葉緑体
DNAによる植栽木の地域性判定技術. 日本緑化工学会誌, 44: 360-364.

3) Moritz, C. (1994): Defining Evolutionarily-Significant-Units for Conservation.
Trends in Ecology & Evolution, 9: 373-375

4) 佐伯いく代（2019）: 絶滅危惧種の保全と遺伝的多様性.『絶滅危惧種の生態工学
生きものを絶滅から救う保全技術』, 亀山章（監修）・倉本宣（編著）: 15-27. 地人
書館, 東京.

5) 中西正・星野清治（2001）: 豊橋市ナガバノイシモチソウ自生地群落調査及び回復
実験報告書III. 豊橋教育委員会美術博物館, 豊橋.

6) 高橋英樹（2017）: モウセンゴケ科.『改訂新版日本の野生植物4アオイ科〜キョウ
チクトウ科』, 大橋広好・門田裕一・邑田仁・米倉浩司・木原浩（編著）: 105-107.
平凡社, 東京.

7) 中西弘樹（2019）: 九州新産のトウカイコモウセンゴケとその特徴. 植物地理・分
類研究, 67: 53-58.

8) 植田邦彦（1989）: 東海丘陵要素の植物地理I定義. 植物分類・地理, 40: 190-202.

9) 中村俊之・植田邦彦（1991）: 東海丘陵要素の植物地理IIトウカイコモウセンゴケ
の分類学的研究. 植物分類・地理, 42: 125-137.

10) Ichihashi, Y., Minami, M. (2009): Phylogenetic positions of Tokai hilly land ele-
ment, *Drosera tokaiensis* (Droseraceae) and its parental species, *D. rotundifolia*
and *D. spatulate*. Journal of phytogeography and taxonomy, 57: 7-16.

11) Rivadavia, F., Kondo, K., Kato, M., Hasebe, M. (2003): Phylogeny of the sun-
dews, *Drosera* (Droseraceae), based on chloroplast *rbc*L and nuclear 18S ribo-
somal DNA sequences. American Journal of Botany, 90: 123-130.

12) 愛知真木子（2014）: 富栄養化および乾燥化に伴う遷移とトウカイコモウセンゴケ
の保全.『ESD自然に学ぶ大地に生きる』, 宗宮弘明・南基泰（編著）: 82-93. 風媒
社, 名古屋.

13) 小野知洋（2017）: 尾張東部丘陵地域周辺の環境多様性の維持―森林の復活とかく
乱のはざま―. 金城学院大学論集自然科学編, 13: 2-9.

14) 伴幸成・柴田重昭・石川雅宏（1988）:『日本の昆虫14ヒメタイコウチ』. 文一総合出版,
東京.

15) 堀義宏・佐藤正孝（1984）: 半翅類.『愛知の動物 愛知文化シリーズ（3）』, 佐藤正孝・
安藤尚（代表著者）: 99-107. 愛知県郷土資料刊行会, 名古屋.

16) 中村早耶香・堀川大介・味岡ゆい・横田樹広・那須守・小田原卓郎・米村惣太郎・
南基泰（2013）: 周伊勢湾地域におけるヒメタイコウチ（*Nepa hoffmanni*）の分子
系統地理学的解析. 湿地研究, 3: 29-38.

17) 町田洋・松田時彦・海津正倫・小泉武栄（編著）（2006）:『日本の地形5中部』.
東京大学出版会, 東京.

18) 吉田史郎（1992）：瀬戸内区の発達史—第一・第二瀬戸内海形成期を中心に—．地質調査所月報，43：43-67．

19) 石田昇三・石田勝義・小島圭三・杉村光俊（1988）：ハッチョウトンボ．『日本産トンボ幼虫・成虫検索図説』，石田昇三・石田勝義・小島圭三・杉村光俊（著）：107-108．東海大学出版会，東京．

20) Kim, K.G., Jang, S.K., Park, D.W., Hong, M.Y., Oh, K.H., Kim, K.Y., Hwang, J.S., Han, Y.S., Kim, I.（2007）：Mitochondrial DNA sequence variation of the Tiny Dragonfly, *Nannophya pygmaea*（Odonata: Libellulidae）. International Journal of Industrial Entomology, 15: 47-58.

21) Minami, M., Ajioka, Y., Nakamura, S.（2016）：Molecular phylogenetic analysis of *Nannophya pygmaea* from the Tono area of Gifu Prefecture, Japan, and South Korea. Limnology in Tokai Region of Japan, 74: 53-56

22) 井上堅（1998）：生息地の土壌とともに移転されたハッチョウトンボ個体群の生息状況．日本環境動物昆虫学会誌，9：1-7．

23) 岐阜県博物館学芸部自然係(2000)：『すばらしき東濃の自然，再発見』．岐阜県博物館，関．

24) 金子之史（2008）：アカネズミ，ヒメネズミ．『日本の哺乳類 改訂2版』，阿部永（監修）：137-138．東海大学出版会，秦野．

25) 渡辺菊治（1962）：作物保護的見地より見た鼠の分類および生態に関する研究．宮城県立農業試験場報告，31：1-106．

26) 太田嘉四夫（1984）：『北海道産野ネズミ類の研究』．北海道大学図書刊行会，札幌．

27) 北畠琢郎・梶幹男（2000）：ブナ・ミズナラ移植実生の生残過程における捕食者ネズミ類の生息地選択の影響．日林誌，82：57-61．

28) 黒田貴綱・勝野武彦（2007）：都市近郊における異なる土地利用タイプとアカネズミの生息との関係．ランドスケープ研究，70：479-482．

29) 勝又達也・菅原泉・上原巌・佐藤明（2008）：針葉樹人工林と広葉樹二次林における野ネズミ2種の生息地選択．関東森林研究，59：243-246．

30) 上野薫・大畑直史・久保壮史・寺井久慈・南基泰・小田原卓郎・那須守・米村惣太郎・横田樹広（2011）：庄内川流域圏におけるアカネズミ（*Apodemus speciosus*）のコドラート別・罠設置点別HSIモデルの比較検討．環境アセスメント学会誌，9：73-84．

31) 白子智康・上野薫・南基泰（2014）：ミトコンドリアDNA D-loop領域多型解析による岐阜県乗鞍岳麓におけるネズミ科3種の遺伝的構造解析．DNA多型学会，22：16-20．

32) 白子智康・石澤祐介・上野薫・南基泰（2014）：愛知県弥勒山におけるアカネズミとヒメネズミの遺伝的構造の相違．環境アセスメント学会誌，12：72-84．

33) 白子智康・愛知真木子・上野薫・南基泰（2014）：葉緑体DNA*rbcL*遺伝子によるアカネズミおよびヒメネズミの糞中植物種残渣推定．哺乳類科学，54：95-101．

34) 関島恒夫・山岸学・石田健・大村和也・澤田晴雄（2001）：森林伐採後の植生回復初期過程におけるヒメネズミ *Apodemus argenteus* とアカネズミ *A.speciosus* の個体群特性．哺乳類科学，41：1-11．

35）大津正英（1973）：山形県の森林内の野ネズミについて第3報農耕地と異樹種林間の移動．日本応用動物昆虫学会誌，17：25-30.
36）松井正文・小池裕子（2007）：進化速度と分析領域．『保全遺伝学』，小池裕子・松井正文（編者）：28-39．東京大学出版会，東京．
37）鈴木仁（2003）：アカネズミ類．『保全遺伝学』，小池裕子・松井正文（編者）：164-167．東京大学出版会，東京．
38）Tsuchiya, K.（1974）: Cytological and biochemical studies of *Apodemus speciosus* group in Japan. J Mamm Soc Jap., 6: 67-87.
39）味岡ゆい・齋藤裕子・上野薫・寺井久慈・南基泰・米村惣太郎・那須守・横田樹広・小田原卓郎（2010）：HISモデルを用いたハルリンドウ（*Gentiana thunbergii*）の遺伝的多様性保全のための環境要因評価．環境アセスメント学会誌，8：62-73.
40）Frankham, R., Ballou, J.D., Briscoe, D.(2007): 集団の分断化を測定する:F統計量．『保全遺伝学入門（原著タイトル：Introduction to Conservation Genetics)』，西田睦（監訳）・高橋洋・山崎裕治・渡辺勝敏（訳）：404-408．文一総合出版，東京．
41）愛知県尾張事務所林務課（2000）：『治山21世紀へのみち「尾張地域における森林荒廃と復旧の歴史」』．愛知県尾張事務所林務課，名古屋．
42）東樹宏和（2016）：『生態学フィールド調査シリーズ5，DNA情報で生態系を読み解く―環境DNA・大規模群集調査・生態ネットワーク―』．共立出版株式会社，東京．

（南基泰）

おわりに

　この洞についての本は、陸水学と生態学を専門とする二人の研究者によって書かれた。専門や考え方の異なる研究者による共著という方式は、対象を多角的な面から視る利点もあるが、統一した強い主張を示すことが難しい欠点もある。われわれも、共同で調査に赴き、本の内容や表現について意見を交換し、一冊の本に仕上げたが、互いの考えを調整し、現時点で統一した将来像を示すことはしなかった。これは、洞の研究が始まったばかりであり、互いの観測結果やその解釈を率直に示すことがまず必要であると考えたためである。洞などの里山環境をどうするかについては、さらに専門性の異なる他の研究者も含めて、再度挑戦する課題になる。少なくとも、過去の生活を復古的に賛美し、自分ではやるつもりもない農村生活への回帰を勧めることはしないつもりである。

　本書の執筆にあたり、様々な方の援助を受けた。第一章の犬山市、可児市の湿地は、それぞれ、それらの地区で湿地の保全に力を尽くしておられる犬山市東大演習林利用者会議と可児市桜ケ丘ハイツ自治連合会の皆様に案内していただいたことが調査のきっかけとなった。

　第二章の溜池については、ため池の自然研究会（名古屋）の発行する会誌『ため池の自然』に掲載された多くの論文や報告書を参考にした。同誌は2019年末第60号となる。地元で息の長い研究活動が継続されているのは心強いことである。

　第三章の研究成果は、次の方々の協力を得た。味岡ゆいさん（当時、中部大学大学院）には、ハルリンドウの生育地調査と遺伝子解析をしていただいた。市橋泰範さん（当時、中部大学大学院）には、モウセンゴケ属植物の遺伝子解析していただき、写真提供を受けた。堀川大介さん（当時、中部大学大学院）、中村早耶香さん（当時、中部大学大学院）には、ヒタイコウチの遺伝子解析していただき、写真提供を受けた。上野薫さん（中部

大学)、石澤祐介さん（当時、中部大学大学院）、白子智康さん（当時、中部大学大学院）には、アカネズミとヒメネズミの生息調査と遺伝子解析をしていただいた。また、矢原正治先生（当時、熊本大学薬学部）には、阿蘇くじゅう国立公園でのハルリンドの調査に同行していただき、阿蘇くじゅう国立公園での野焼きの写真を提供していただいた。第三章で紹介した研究の一部は、「中部大学・清水建設（株）共同研究　土岐川・庄内川流域圏における生物多様性評価」として実施された。当時、清水建設（株）に在職されていた小田原卓郎さん、内藤克己さん、那須守さん、横田樹広さん、米村惣太郎さんには多大なご協力をいただきました。関係者各位に記して謝意を表します。

　第一章、第二章の図のいくつかは、陸水学雑誌（日本陸水学会刊）に掲載された論文（村上他, 1988; 村上他2020）中の図を転載、または一部改変したものである。同学会の転載許可に深謝する。

　中部大学出版室の坂野上元子さんには、丁寧に原稿を読んでいただき、内容や表現について貴重なご助言をいただいた。

　本書は、2019年度中部大学ブックシリーズ出版事業の助成を受け、出版されたものである。

（村上哲生・南基泰）

索引

【特殊な用語】

村上哲生（むらかみ　てつお）
博士（理学）
1950年 熊本県生まれ.
中部大学応用生物学部環境生物科学科・教授
専門分野：陸水学, 環境科学

南　基泰（みなみ　もとやす）
博士（農学）
1964年 福井県生まれ.
中部大学応用生物学部環境生物科学科・教授
専門分野：分子生態学, 薬用植物学

中部大学ブックシリーズ　Acta 32

洞　学 —洞の自然と人との関わり—

2020年3月10日　第1刷発行
定　価　（本体800円＋税）
著　者　村上哲生　　南　基泰
発行所　中部大学
　　　　〒487-8501　愛知県春日井市松本町1200
　　　　電　話　0568-51-1111
　　　　ＦＡＸ　0568-51-1141
発　売　風媒社
　　　　〒460-0011 名古屋市中区大須1-16-29
　　　　電　話　052-218-7808
　　　　ＦＡＸ　052-218-7709

ISBN978-4-8331-4145-1